W0263311

Studienskripten zur Soziologie

20  E.K.Scheuch/Th.Kutsch, Grundbegriffe der Soziologie
    Grundlegung und Elementare Phänomene
    2. Auflage. 376 Seiten. DM 17,80

22  H. Benninghaus, Deskriptive Statistik
    (Statistik für Soziologen, Bd. 1)
    4. Auflage. 280 Seiten. DM 17,80

23  H. Sahner, Schließende Statistik
    (Statistik für Soziologen, Bd. 2)
    2. Auflage. 188 Seiten. DM 14,80

24  G. Arminger, Faktorenanalyse
    (Statistik für Soziologen, Bd. 3)
    198 Seiten. DM 14,80

25  H. Renn, Nichtparametrische Statistik
    (Statistik für Soziologen, Bd. 4)
    138 Seiten. DM 11,80

26  K. Allerbeck, Datenverarbeitung in der
    empirischen Sozialforschung
    Eine Einführung für Nichtprogrammierer
    187 Seiten. DM 10,80

27  W. Bungard/H.E. Lück, Forschungsartefakte
    und nicht-reaktive Meßverfahren
    181 Seiten. DM 12,80

28  H. Esser/K. Klenovits/H. Zehnpfennig,
    Wissenschaftstheorie 1  Grundlagen
    und Analytische Wissenschaftstheorie
    285 Seiten. DM 17,80

29  H. Esser/K. Klenovits/H. Zehnpfennig
    Wissenschaftstheorie 2  Funktionsanalyse
    und hermeneutisch-dialektische Ansätze
    261 Seiten. DM 17,80

30  H. v. Alemann, Der Forschungsprozeß
    Eine Einführung in die Praxis der
    empirischen Sozialforschung
    351 Seiten. DM 17,80

31  E. Erbslöh, Interview
    (Techniken der Datensammlung, Bd. 1)
    119 Seiten. DM 11,80

32  K.-W. Grümer, Beobachtung
    (Techniken der Datensammlung, Bd. 2)
    290 Seiten. DM 17,80

35  M. Küchler, Multivariate Analyseverfahren
    262 Seiten. DM 17,80

Fortsetzung auf der 3. Umschlagseite

Zu diesem Buch

In wachsendem Maße sind Sozialwissenschaftler mit der Auswertung von Daten befaßt, die über das Zeitintervall bis zum Eintreten eines Ereignisses wie z.B. ein Berufswechsel, eine abweichende Handlung etc. Auskunft geben. Solche Daten fallen insbesondere bei der Untersuchung von Berufskarrieren, Biographien und generell von Zeitverläufen an. Zur Verarbeitung derartiger Prozeßdaten benötigt man neue statistische Techniken und Modelle.

Dieses Buch informiert zunächst über geeignete Modelle zur Analyse sozialer Prozesse. Darauf aufbauend wird anhand von Beispielen aus der Sozialforschung (Arbeitslosigkeitsverlauf, abweichendes Verhalten, Ehedauer) in die statistischen Techniken der Ereignisdatenanalyse eingeführt. Die Verwendung graphischer Techniken und die ausführliche Erläuterung von EDV-Programmbeispielen mit weitverbreiteten Software-Paketen (SPSS, BMDP, RATE) unterstreicht den anwendungsorientierten Charakter der Einführung.

Obwohl soziologische und ökonomische Anwendungsbeispiele im Vordergrund stehen, wendet sich das Buch gleichermaßen auch an Psychologen, Demographen und Statistiker, denen an einem praxisorientierten Überblick auf diesem Gebiet gelegen ist.

Studienskripten zur Soziologie

Herausgeber: Prof. Dr. Erwin K. Scheuch
            Prof. Dr. Heinz Sahner

Teubner Studienskripten zur Soziologie sind als in sich abge-
schlossene Bausteine für das Grund- und Hauptstudium konzipiert.
Sie umfassen sowohl Bände zu den Methoden der empirischen Sozialforschung, Darstellung der Grundlagen der Soziologie, als auch
Arbeiten zu sogenannten Bindestrich-Soziologien, in denen verschiedene theoretische Ansätze, die Entwicklung eines Themas und
wichtige empirische Studien und Ergebnisse dargestellt und diskutiert werden. Diese Studienskripten sind in erster Linie für
Anfangssemester gedacht, sollen aber auch dem Examenskandidaten
und dem Praktiker eine rasch zugängliche Informationsquelle sein.

# Methoden zur Analyse von Zeitverläufen

Anwendungen stochastischer Prozesse
bei der Untersuchung von Ereignisdaten

Von Dr. rer. pol. Andreas Diekmann
und Dr. phil. Peter Mitter

Institut für Höhere Studien
und wissenschaftliche Forschung, Wien

Mit 25 Bildern und 17 Tabellen

B. G. Teubner Stuttgart 1984

Dipl.-Soz. Dr. rer. pol. Andreas Diekmann

1951 in Lübeck geboren. 1970 bis 1975 Studium der Soziologie
in Hamburg. Anschließend Studium der Psychologie und statistischen Methodenlehre in Hamburg und Wien. Mitarbeit in
Forschungsprojekten und in der Lehre am Institut für Soziologie der Universität Hamburg von 1975 bis 1980. Sommer 1977
Studienaufenthalt in Ann Arbor, Michigan. Seit 1980 Assistent
am Institut für Höhere Studien in Wien.

Publikationen zum Thema mathematische Modelle sozialer Prozesse, Sozialindikatoren und auf dem Gebiet der Soziologie
abweichenden Verhaltens.


Dr. phil. Peter Mitter

1948 in Innsbruck geboren. Studium der Mathematik und Infor-
matik an der Universität Innsbruck. 1974 Assistent am Institut für Mathematik an der Universität Innsbruck und ab 1975
am Institut für Höhere Studien, Wien. Seit 1982 Leiter der
Abteilung für Mathematische Methoden und Computerverfahren
am Institut für Höhere Studien.

Publikationen zum Thema Mathematische Methoden in den Sozialwissenschaften, Prognoseverfahren, Soziale Mobilität, Ar-
beitsmarktforschung.


CIP-Kurztitelaufnahme der Deutschen Bibliothek

Diekmann, Andreas:
Methoden zur Analyse von Zeitverläufen : Anwendungen
stochast. Prozesse bei d. Unters. von Ereignisdaten /
von Adreas Diekmann u. Peter Mitter. - Stuttgart :
Teubner, 1984.
  (Teubner-Studienskripten ; 122 : Studienskripten
  zur Soziologie)
  ISBN 978-3-519-00122-5     ISBN 978-3-322-94922-6 (eBook)
  DOI 10.1007/978-3-322-94922-6
NE: Mitter, Peter:; GT




Gesamtherstellung: Beltz Offsetdruck, Hemsbach/Bergstr.
Umschlaggestaltung: W. Koch, Sindelfingen

## Vorwort

Bei Sozialwissenschaftlern verschiedenster Disziplinen ist in
jüngster Zeit ein wachsendes Interesse an der Untersuchung von
Lebensverläufen, Biographien und sozialen Karrieren zu erkennen. Gleichgültig, ob qualitative Erhebungsverfahren benutzt
werden, ob die Datenquellen Tagebücher oder Tiefeninterviews
sind, oder ob hochstandardisierte Fragebögen Verwendung finden - bei aller Unterschiedlichkeit der Erhebungsmethoden besteht das Ziel häufig darin, Informationen über die zeitliche
Abfolge von Ereignissen zu gewinnen. Derartige Ereignisgeschichten - im Englischen "event histories" - stellen das Aus-
gangsmaterial der Datenanalyse dar. Auch bei experimentellen
Designs oder im Rahmen der Evaluierungsforschung, also der
Untersuchung der Wirksamkeit von Maßnahmen der Sozialplanung,
werden häufig die Zeitintervalle bis zum Eintreten eines Ereignisses erhoben. Z.B. richtet sich die Aufmerksamkeit von
Kriminologen bei der Strafvollzugsevaluierung auf die Zeit-
spanne bis zum ersten Rückfall nach der Entlassung aus einer
Strafanstalt.

Zur Analyse von Zeitintervallen zwischen Ereignissen sind in
den Sozialwissenschaften neue Methoden erforderlich. Diese
Methoden, die häufig auch unter dem Oberbegriff "Survival-
Analyse" zusammengefaßt werden, stammen vor allem aus der Demographie und der Medizin- und Biostatistik. Der Grund ist
nicht verwunderlich: Demographen und Mediziner waren schon immer mit dem Zeitintervall bis zum Eintreten eines wichtigen
Ereignisses, nämlich des Todes oder der Genesung befaßt. Bedeutsame Weiterentwicklungen der Verfahren sind aber auch von
Soziologen wie JAMES COLEMAN, MICHAEL HANNAN und NANCY TUMA
und Ökonomen wie JAMES HECKMAN  geleistet worden.

Anwendungsgebiete der Survival-Analyse sind in der <u>Ökonomie</u>
und <u>Soziologie</u> die Untersuchung von Berufskarrieren und sozialer Mobilität ebenso wie das Studium abweichenden Verhal-

tens. Ereignisse sind im ersten Fall Berufswechsel und im
letzteren Fall abweichende Handlungen im Verlauf einer kri-
minellen Karriere. Für beide Disziplinen sind die Verfahren zur Analyse von segmentierten Arbeitsmärkten von Bedeutung. Politologen können damit Einstellungsänderungen gegenüber Parteien, Kernkraft etc., aber auch die Dynamik
politischer Strukturen im Zeitablauf untersuchen, Geo-
graphen Prozesse der Migration und Psychologen z.B. Daten
aus Lernexperimenten.

Bisher existierte u.W. kein Lehrbuch, das in verständlicher
Sprache unter Hinweis auf Computerprogramme Methoden der Analyse von Ereignisdaten für Sozialwissenschaftler behandelt.
Mit dem vorliegenden Buch beabsichtigen wir, eine erste Einführung in das Gebiet anhand soziologischer Beispiele zu prä-
sentieren.

Frau Helga Maier gilt unser Dank für die maschinenschriftli-
che Übersetzung unserer handschriftlichen Hieroglyphen und
Frau Gerda Suppanz für die Anfertigung der Graphiken. Wir
möchten uns besonders bei Herrn Dr. Peter Preisendörfer und
Frau Mag. Hanna Gutierrez-Rieger für zahlreiche Hinweise be-
danken. Nicht zuletzt schulden wir unseren Kollegen am Institut für Höhere Studien und den Teilnehmern an unseren Semina-
ren Dank für vielfältige kritische Diskussionen. Ohne das an-
regende Forschungsklima und die liberale Atmosphäre am Institut für Höhere Studien unter der Leitung von Prof. Anatol
Rapoport wäre es schwerer gewesen, neben den Alltagsgeschäf-
ten und Projektverpflichtungen ein einführendes Lehrbuch wie
die vorliegende Schrift zu verfassen.


Wien, im September 1983    Andreas Diekmann und Peter Mitter

## Inhaltsverzeichnis

# 1. Einleitung: Datenanalyse mit stochastischen Modellen

## 1.1. <u>Daten und Modell</u>

Bei Ereignisdaten handelt es sich um spezielle, besonders in-
formationshaltige Längsschnittdaten. Sie geben Auskunft über
Zeitverläufe, d.h. die Länge des Zeitintervalls bis zum Auftreten eines Ereignisses, sei es der Abbruch eines Studiums,
die Scheidung einer Ehe, der Wechsel des Arbeitsplatzes, die
Änderung der Einstellung gegenüber Gastarbeitern oder ein Mi-
litärputsch. Wie man sich vorstellen kann, sind Ereignisdaten
wesentlich aussagekräftiger als beispielsweise Panel-Daten,
da sie ja auch über die Geschehnisse zwischen den Erhebungs-
zeitpunkten einer Panel-Studie informieren. Eine genaue Erläuterung und Klassifizierung von Ereignisdaten erfolgt in
Abschnitt 1.3. dieses Kapitels.

Für den Sozialforscher stellt sich nun die Frage, welche Techniken geeignet sind, um die Informationen aus den beobachteten
Zeitverläufen optimal auszuschöpfen. Insbesondere möchte man
kausales Wissen darüber erzielen, von welchen Bedingungen oder
Merkmalen der Untersuchungseinheiten der Verlauf sozialer Prozesse abhängt. Methoden zur Analyse von Ereignisdaten, die auf
diese und weitere Fragen (dazu Abschnitt 1.2.) eine Antwort
geben können, fassen wir in Anlehnung an den englischen Sprach-
gebrauch unter dem Oberbegriff <u>Survival-Analyse</u> zusammen.

Bei Anwendungen der Survival-Analyse wird davon ausgegangen,
daß der Zeitpunkt des Auftretens von Ereignisdaten normalerweise nicht mit Sicherheit vorhersagbar ist. Vielmehr gibt es
eine mehr oder minder große Wahrscheinlichkeit dafür, daß bei
einer bestimmten Gruppe von <u>Untersuchungseinheiten</u> (Individuen, Ehen, Staaten) ein bestimmtes Ereignis innerhalb eines
festgelegten <u>Zeitintervalls</u> stattfindet. Ereignisse treten
zwar zufällig auf, jedoch können die Wahrscheinlichkeiten da-

für in Abhängigkeit von den Charakteristika der Untersuchungseinheiten variieren. Die Theorie segmentierter Arbeitsmärkte
behauptet z.B., daß Personen im "sekundären Arbeitsmarkt" ein
größeres Risiko des unfreiwilligen Arbeitsplatzwechsels aufweisen (DOERINGER und PIORE, 1971). Das Zeitintervall bis zum
Wechsel wird hier im allgemeinen kürzer sein als im stabile-
ren primären Arbeitsmarkt.

Zufälligkeit heißt also nicht Regellosigkeit. Im Gegenteil -
man möchte ja gerade die Regel-  oder Gesetzmäßigkeiten von
Massenerscheinungen herausfinden oder vermutete Regelmäßigkeiten an Daten überprüfen.

Die verstrichene Zeit bis zur Ankunft eines Ereignisses (Verweildauer, Ankunftszeit, Wartezeit) kann als <u>Zufallsvariable</u>
betrachtet werden. Die <u>Wahrscheinlichkeitsverteilung</u> der kon-
tinuierlichen, nicht-negativen Variablen Ankunftszeit gibt
dann darüber Auskunft, mit welcher Wahrscheinlichkeit ein
Ereignis, etwa der Arbeitsplatzwechsel, bis zum Zeitpunkt t
auftritt. Umgekehrt kann man auch fragen, mit welcher Wahrscheinlichkeit eine Person bis zum Zeitpunkt t "überlebt",
d.h. daß bis t kein Ereignis stattfindet. Hierüber informiert
die <u>Überlebensfunktion</u>. Diese und weitere Konzepte der Survival-Analyse, sozusagen die grundlegenden Arbeitsinstrumente,
werden in Kap.2. genauer erläutert.

Wir wollen aber nicht bei den Verteilungen und der Überlebensfunktion stehenbleiben, sondern einen Schritt weiterge-
hen. Erstens stellt sich dann die Frage, durch welche grund-
legende Hypothese oder vermutete Regelmäßigkeit die beobachtete Verteilung der Zeitintervalle <u>erklärt</u> werden kann. Zweitens fragt es sich, auf welche Weise die Parameter der Verteilungen und Überlebensfunktion an empirischen Daten <u>geschätzt</u>
werden können. Zur Lösung beider Probleme benötigt man ein
mathematisches <u>Modell</u>.

Geeignete Modelle stellt hierfür die Theorie <u>stochastischer</u> <u>Prozesse</u> zur Verfügung. Intuitiv gesprochen beinhaltet ein stochastischer Prozeß zwei Aspekte: den <u>Wahrscheinlichkeits-</u> <u>aspekt</u> (στοχαξεσθαι=durch Zufall etwas finden) und den <u>dyna-</u> <u>mischen Aspekt</u> (Prozeß) der Zeitabhängigkeit der Wahrschein-lichkeiten. Mit Hilfe des stochastischen Modells ist es mög-lich, auf mathematisch-deduktivem Wege die Wahrscheinlich-keitsverteilung der Ankunftszeiten, die Überlebensverteilung und weitere Merkmale des Prozesses abzuleiten. Die Grundlagen der Modellkonstruktion werden ebenfalls in Kap.2 gelegt.

In wenigen Worten läßt sich die Logik der Anwendung stocha-stischer Modelle auf die Datenanalyse von Zeitintervallen fol-gendermaßen skizzieren (Abbildung 1): Ausgangspunkt ist eine Hypothese über die genaue Art des stochastischen Prozesses, gewissermaßen eine Hypothese über den "stochastischen Mecha-nismus". Eine solche Hypothese könnte z.B. lauten, daß das <u>Risiko</u>[1] einer Ehescheidung (=Ereignis) mit zunehmender Ehe-dauer sinkt, aber bei gleicher Ehedauer in der Oberschicht ge-ringer ist als in der Unterschicht. Die Hypothese besagt also, daß das momentane Risiko einer Ehescheidung zum Zeitpunkt t von der Ehedauer t selbst abhängt (Zeitabhängigkeit) und von der sogenannten <u>Kovariaten</u> (=unabhängige Variable) soziale Schicht. Wird die funktionale Abhängigkeit des Risikos von der Zeit und den Kovariaten in Form einer mathematischen Funktion spezifiziert (ähnlich wie eine Regressionsgleichung), dann ge-stattet das stochastische Modell die Ableitung der Wahrschein-lichkeitsverteilung der "Ankunftszeiten" (Zeit zwischen Heirat und Ehescheidung), der Überlebensfunktion und der Wahrschein-lichkeitsdichteverteilung der Ankunftszeiten. Auf dieser Basis wiederum ist es möglich, die Parameter des Modells anhand empirischer Daten (der beobachteten Ankunftszeiten) mit einer

---

[1] Zu einer genauen Definition des hier verwendeten Begriffs "Risiko" im technischen Sinne wird auf Kap.2 verwiesen.

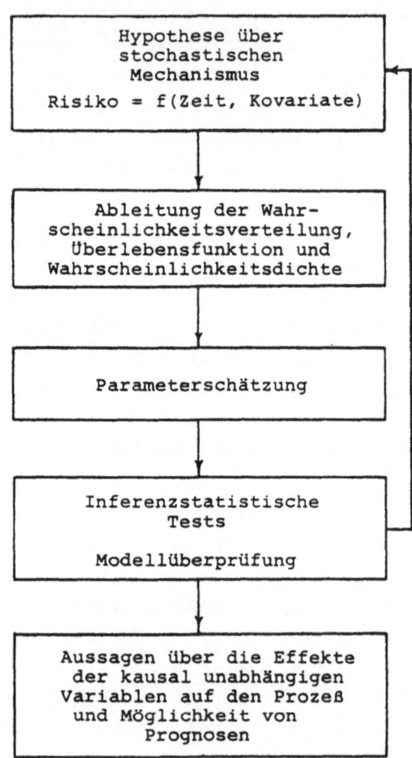


**Abbildung 1:** Die Logik der Datenanalyse mit stochastischen Modellen

geeigneten Methode (z.B. der Maximum-Likelihood-Methode) zu
schätzen (dazu Kap.2). Die Parameter sind wichtige Kenngrößen:
Sie sind anschaulich interpretierbar und geben z.B. darüber
Auskunft, wie stark eine unabhängige Variable (z.B. die soziale Schicht) den Verlauf des Prozesses beeinflußt. Tests
zur Modellüberprüfung und inferenzstatistische Tests zur Prüfung der Parameter auf Signifikanz können Kriterien dafür
liefern, wie gut die Hypothesen mit den Daten übereinstimmen.
Sind die Tests negativ, so wird man das Modell revidieren
müssen.

Bei der Schilderung wurde unterstellt, daß das Risiko des Auftretens eines Ereignisses in Abhängigkeit von den Kovariaten
und der Zeit in Form einer mathematischen Gleichung - also in
parametrischer Form - formuliert wurde. In diesem Fall spricht
man von parametrischen Modellen, wie sie in Kap.5 behandelt
werden. Wird dagegen in einem voraussetzungsärmeren Modell
die Art der funktionalen Beziehung offen gelassen, so gelangen die nicht-parametrischen Verfahren zur Anwendung, von
denen in Kap.3 die Rede sein wird. Eine Zwischenstellung nimmt
der Zwitter der semi-parametrischen Verfahren ein. Hierbei
wird nur der Einfluß der Kovariate in bestimmter parametrischer Weise dargestellt, für die Zeitabhängigkeit werden dagegen beliebige Funktionen zugelassen. Die semi-parametrische
Cox-Regression wird in Kap.4 behandelt. Parametrische Modelle
haben einen höheren Informationsgehalt als semi-parametrische
oder gar nicht-parametrische Modelle. Der Preis dafür ist in
Form stärkerer Annahmen zu zahlen.

Die mathematischen Modelle, die den in dieser Arbeit vorgestellten Verfahren zugrunde liegen, sind keine Erfindungen
der letzten Jahre, sondern das Ergebnis einer langen For-
schungstradition. Neu und inhaltlich bedeutsam für die Fort-
entwicklung der soziologischen Disziplin ist hingegen ihre
enge Verknüpfung mit der Datenanalyse.

Anwendungen stochastischer Modelle auf soziale Prozesse im
weitesten Sinne findet man schon bei DANIEL BERNOULLI (vgl.
DAVID und MOESCHBERGER 1978), der in einem berühmt gewor-
denen Vortrag im Jahre 1760 vor der Französischen Akademie
der Wissenschaften die Auswirkungen der Eliminierung eines
Krankheitsrisikos (der Pocken) auf die Sterblichkeit untersucht. Bei der Erforschung von Berufskarrieren mit den beiden
Risiken "freiwillige Kündigung" und "Kündigung durch den Ar-
beitgeber" kommt sein - nach heutiger Bezeichnung - "Competing-
Risks-Modell" in soziologischen Arbeiten wieder zu Ehren (z.B.
CARROLL 1982).

Einen festen Platz in der Theorie stochastischer Prozesse hat
die Poisson-Verteilung. Anwendungen auf seltene Ereignisse wie
Unfälle wurden u.W. erstmalig von L.v.BORTKIEWICZ (1898) unternommen. In den 20er Jahren formulierten GREENWOOD und YULE
ein erweitertes Modell zur Erklärung von Unfallhäufigkeiten
(zu verschiedenen Varianten siehe FELLER 1943). Aber erst in
der Nachkriegszeit wurden diese Ideen in der Soziologie rezi-
piert.

Die klassischen Modelle aus der Unfallstatistik können auch
heute gute Dienste - beispielsweise in der Kriminalsoziolo-
gie - leisten (zu einer Übersicht siehe CARR-HILL und PAYNE
1971 sowie GREENBERG 1979, Teil II). Markov-Prozesse und Semi-
Markov-Prozesse stießen in den 50er und 60er Jahren auf wachsendes Interesse in den Sozialwissenschaften. Die Anwendungs-
domänen waren in der Soziologie Prozesse sozialer Mobilität,
in der Sozialpsychologie die Diffusion von Informationen und
Neuerungen und in der Psychologie Vorgänge des Lernens und
Gedächtnisleistungen (Überblick in SØRENSEN und SØRENSEN 1977
und RAPOPORT 1980, Kap.III).

Mit den klassischen Modellen und ihren Nachkriegsanwendungen
in den Sozialwissenschaften wurde der Schwerpunkt auf die
Modellbildung, weniger dagegen auf die Analyse von Daten gelegt. Außerdem konzentrierte man sich beispielsweise in der
Soziologie primär auf die Erklärung von Mobilitätstabellen
und gelegentlich auf die Verteilung von Ereignishäufigkeiten,
selten hingegen auf die Verteilung von Verweildauern.

Die Arbeiten von COLEMAN (1964a,1981) und TUMA (1979) haben
in jüngster Zeit eine Wende eingeleitet. Das eigentlich Neue
ihrer Arbeiten ist die enge Verknüpfung von (parametrischen)
stochastischen Modellen mit statistischen Schätzverfahren
unter Berücksichtigung von Kovariaten und die Erweiterung
der Verfahren auf "Multi-State-Modelle" (dazu der folgende
Abschnitt). Im Unterschied zum "statistischen Ansatz" geht
die explizite Konzeptualisierung eines sozialen Prozesses
durch ein stochastisches Modell der Datenanalyse voraus
(COLEMAN 1981, Kap.1). Der große Vorteil dieser Strategie
besteht darin, daß mit Hilfe des Modells und der daraus ab-
leitbaren Konsequenzen zahlreiche Charakteristika des sozialen Prozesses aufgedeckt werden können. Auf der anderen Seite
wird im Gegensatz zu modellplatonischen Konstruktionen die
Zielsetzung in der Analyse empirischer Daten gesehen. <u>Modell
und Techniken der Datenanalyse sind hierbei zwei Seiten einer
Medaille</u>. Damit wird - wie wir sehen werden - ein außerordent-
lich fruchtbarer Beitrag zur Analyse von Längsschnittdaten geleistet.

## 1.2. Beispiele und Fragestellungen

Das Auftreten von Ereignissen kann in der Sprache stochastischer Modelle als Zustandswechsel gedeutet werden. In der
Survival-Analyse mit einem Ausgangszustand und einem absorbierenden Zielzustand (Abbildung 2a) wird anstelle von "Ereignis" auch synonym von "Tod", "Ausfall" oder "failure" gesprochen.[1]

Die stochastischen Prozesse, die in diesem Buch erläutert
werden, sind Modelle mit diskreten Zuständen und stetiger
Zeit. Die Zeit ist eine kontinuierliche Variable; Ereignisse
können zu jedem Zeitpunkt auftreten. Die Zustandsvariable
(z.B. arbeitslos/erwerbstätig in Abbildung 2a) weist dagegen
diskrete Ausprägungen auf.

Wir können jetzt zwei Fragen stellen. Erstens kann man eine
Antwort auf die Frage suchen, ob und in welcher Weise das Risiko eines Zustandswechsels (die Übergangsrate) von unabhängigen Variablen (dem Ausbildungsniveau, der Berufserfahrung
usf.) beeinflußt wird. Eine Hypothese hierüber bezeichnen wir
als Kausalhypothese. Zweitens kann unser Interesse der Frage
gelten, in welcher Weise das Risiko von der Verweildauer im
Zustand "arbeitslos" abhängig ist. Z.B. ist anzunehmen, daß
die Chance einer Beschäftigung mit zunehmender Arbeitslosigkeit sinkt. Eine Hypothese dieser Art nennen wir Entwicklungs-
hypothese. Natürlich kann eine Hypothese auch davon ausgehen,
daß sowohl Effekte unabhängiger Variablen als auch Verweildauereffekte gemeinsam auftreten.

---

[1] Die Terminologie ist aufgrund der Anwendungen der vorgestellten Techniken in verschiedensten Disziplinen (Medizin-
statistik, Demographie, Technik, Biostatistik, Sozialwissenschaften) noch sehr uneinheitlich. Wir erwähnen häufig
auch die Synonyme, um dem Anwender den Weg in die Literatur der Survival-Analyse zu erleichtern.

Abbildung 2b zeigt einen <u>Zählprozeß</u>. Die Zustandsvariable ist hierbei die Anzahl der Delikte. Gemäß der Labeling-Theorie (BECKER 1963) sollte das Risiko eines neuen Delikts mit der Zahl vorher verübter Delikte anwachsen, gemäß der "Abschrekkungstheorie" ist möglicherweise eine Abnahme zu erwarten.

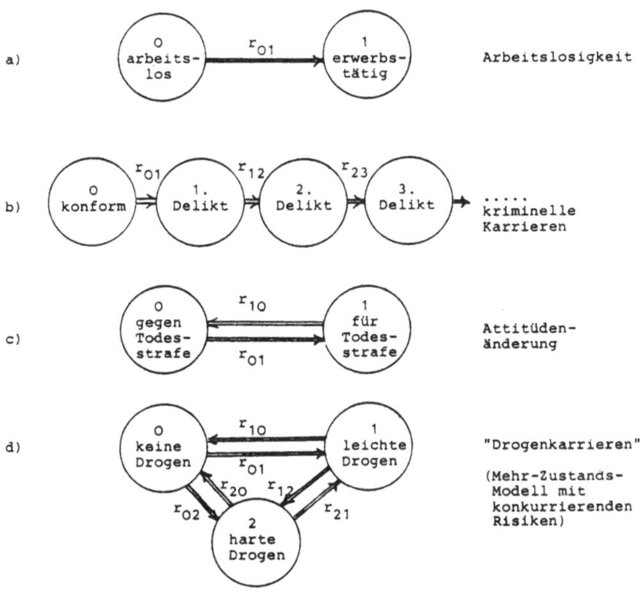


$r_{ij}$ = Risiko (Übergangsrate für den Wechsel von Zustand i nach Zustand j. $r_{ij}$ kann eine Funktion von Kovariaten (<u>Kausalhypothese</u>), von der Zeit (<u>Entwicklungshypothese</u>) oder von Kovariaten und der Zeit sein.

<u>Abbildung 2:</u>  Beispiele für Modelle mit zwei und mehr Zuständen

In beiden Fällen dürfte es sinnvoll sein, Kovariate zu berücksichtigen, da kaum alle Personen das gleiche Risiko eines "Zustandswechsels" aufweisen dürften. Anhand von Daten über die Zeitintervalle bis zum ersten Delikt, zwischen dem ersten und dem zweiten Delikt usf. wären verschiedene interessante Hypothesen über den Verlauf krimineller Karrieren prüfbar.[1]

Ein stochastisches Modell mit zwei nicht-absorbierenden Zuständen, wie es von COLEMAN (1981) zugrunde gelegt wird (Abbildung 2c), gestattet die Erforschung der Dynamik von Einstellungsänderungen. Auch hier stellt sich wieder die Frage nach der Einflußstärke von Kovariaten auf den Prozeß der Attitüdenänderung.

Gelegentlich wird behauptet, daß leichte Drogen als "Einstiegsdrogen" das Risiko der Einnahme harter Drogen erhöhen. Das Risiko eines Wechsels von Zustand 1 in den Zustand 2 in Abbildung 2d müßte dann höher sein als der direkte Wechsel von O nach 2.

Eine aussagekräftige Analyse erfordert auch bei dieser Forschungsfrage die Berücksichtigung relevanter unabhängiger Variablen. Sonst könnte es der Fall sein, daß $r_{12}$ in Abbildung 2d nur deswegen größer ist als $r_{02}$, weil Personen mit bestimmten Merkmalen in den Zustand 1 gelangen, die auch ein erhöhtes Risiko aufweisen, in den Zustand 2 zu wechseln. Man muß - übrigens wie bei der Prüfung der Labeling-Hypothese in Abbildung 2b - vorsichtig sein, da Fehlschlüsse wegen nicht-berücksichtigter <u>Heterogenität</u> (=Vernachlässigung relevanter Kovariate) leicht auftreten können.

---

[1] Daten dieser Art wurden z.B. in der Studie von WOLFGANG, FIGLIO und SELLIN 1979 erhoben. Eine Sekundäranalyse in dieser Richtung wäre sicherlich von großem Interesse.

Bei unseren Ausführungen in den folgenden Kapiteln wird hauptsächlich von dem einfachsten Modell in Abbildung 2a ausgegangen. Es handelt sich dabei nicht um eine wesentliche Einschränkung, da sich Mehr-Zustands-Modelle zur Schätzung der Parameter immer in eine bestimmte Anzahl von Zwei-Zustands-Modellen des in der Abbildung 2a gezeigten Typs zerlegen lassen. Bei den Anwendungen der Survival-Analyse ist dieser Modelltyp von grundlegender Bedeutung.

## 1.3. Datenarten und Datenstruktur

### 1.3.1. Ereignisdaten

Wie schon angedeutet, informieren Ereignisgeschichten ("Event-Histories") oder kurz Ereignisdaten bezüglich jeder Untersuchungseinheit über die exakten Zeitpunkte, zu denen Ereignisse oder Zustandswechsel auftreten. Damit ist die Länge aller Zeitintervalle zwischen je zwei Ereignissen und die Abfolge der Ereignisse gegeben. Das Zeitintervall zwischen zwei benachbarten Ereignissen wird auch als Episode bezeichnet. Im einfachsten Fall haben wir es pro Untersuchungseinheit[1] mit nur einer Episode zu tun, z.B. der Dauer der Arbeitslosigkeit der Person i.

Ereignisgeschichten lassen sich graphisch im Zustandsvariablen-Zeit-Diagramm (Abbildung 3) darstellen (zur Darstellung von Lebensverläufen siehe auch CARR-HILL und MACDONALD 1973, sowie MÜLLER 1977). Aus dem Diagramm gehen die Drogenkarrieren für zwei Personen hervor. Es handelt sich dabei um Verlaufsdaten, die mit dem Modell in Abbildung 2d korrespondieren.

---

[1] Dies können Individuen, Organisationen, Ehen etc.sein. Der Einfachheit halber sprechen wir im folgenden nur von Individuen, Personen oder Fällen.

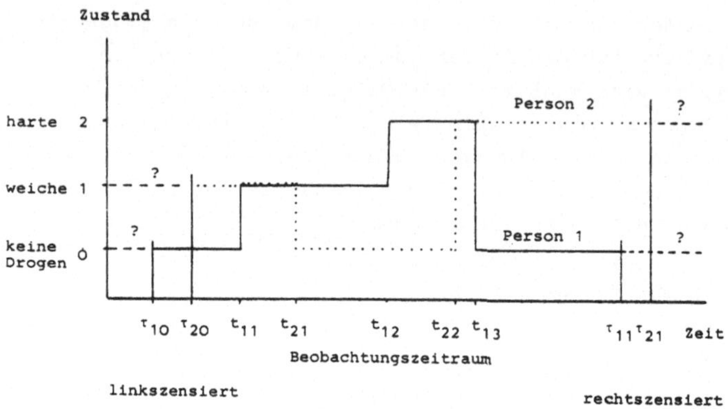



$t_{im}$ = Endzeitpunkt von Episode m für Person i

$\tau_{i0}$ = Beginn der Beobachtungsperiode für Person i

$\tau_{i1}$ = Ende der Beobachtungsperiode für Person i

**Abbildung 3:** Zustandsvariablen-Zeit-Diagramm

Betrachten wir Person 1. Die Beobachtungsperiode startet <u>zum</u> Zeitpunkt $\tau_{10}$. Bis zum Zeitpunkt $t_{11}$ (z.B. drei Monate später) werden keinerlei Drogen genommen. Dann aber - zum Zeitpunkt $t_{11}$ - tritt ein Ereignis oder Zustandswechsel ein. $t_{11}$ markiert das Ende der ersten Episode bei Person 1. (Allgemein: $t_{im}$ ist der Zeitpunkt der Beendigung der m'ten Episode bei Person i). Während des Zeitintervalls der Episode 2 befindet sich Person 1 im Zustand 1, nimmt also weiche Drogen. Zum Zeitpunkt $t_{12}$ macht sich eine neuerliche Änderung in der Drogenkarriere bemerkbar. Jetzt befindet sich Person 1 in Zustand 2. Zum Zeitpunkt $t_{13}$ schließlich beginnt eine drogenfreie Episode, die bis zum Ende der Beobachtungszeit andauert.

In Abbildung 3 fällt eine häufige Besonderheit von Ereignisdaten auf: Die Beobachtungsperiode für Person i beginnt zu
einem Zeitpunkt $\tau_{i0}$ und endet zu einem Zeitpunkt $\tau_{i1}$ ("window
of observation"). Es kann somit passieren, daß die erste und
die letzte Episode "abgeschnitten" wird. Für den Fall, daß
der Beginn der ersten Episode unbekannt ist, spricht man von
linkszensierten Daten. Bleibt das Ende der letzten Episode
im Beobachtungszeitraum offen, so haben wir es mit rechtszensierten Daten zu tun.

Bei linkszensierten Daten ist normalerweise die problemati-
sche Annahme erforderlich, daß die Vorgeschichte vor Beginn
des Beobachtungszeitraums keinen Einfluß auf den Prozeß hat.
Bei geeigneter Anlage des Erhebungsdesigns reduzieren sich
hier aber die Probleme. In der Regel fällt $\tau_{i0}$ mit einem
Startereignis zusammen, wie z.B. die Entlassung aus dem Ge-
fängnis bei Rückfallstudien, der Heiratstermin bei Scheidungs-
studien usf. Dieser Fall ist typisch bei Kohortenuntersuchun-
gen. Eine Kohorte ist ja definiert als eine Gruppe von Perso-
sonen,die zu Beginn ihrer Ereignisgeschichte gemeinsamen Ein-
flüssen ausgesetzt ist (z.B. eine Geburtskohorte von Personen mit gleichem Geburtsjahrgang, eine Heiratskohorte von
Ehen mit gleichem Heiratsdatum etc.).

Aber auch wenn man es nicht mit echten Kohorten zu tun hat,
existiert häufig ein "natürlicher" Zeitpunkt des Prozeßbe-
ginns innerhalb der Beobachtungsperiode. Bei Studien der
Arbeitslosigkeit etwa sollte der Anfang der Beobachtungsperiode mindestens mit dem Beginn der Arbeitslosigkeit übereinstimmen. Im Falle "echter" Kohorten ist normalerweise
$\tau_{i0} = \tau_0$ für alle Personen identisch wie in Abbildung 4. Hier
endet auch der Beobachtungszeitraum für alle Personen zum
gleichen Zeitpunkt ($\tau_{i1} = \tau_1$), was wiederum besonders typisch
für Kohortenstudien ist. Ein Beispiel ist eine Stichprobe von
Personen, die zum gleichen Zeitpunkt arbeitslos wurden und
für einen Zeitraum von 12 Monaten untersucht werden.

Bei rechtszensierten Daten ist die Situation anders.[1] Greifen wir dazu das einfache Beispiel in Abbildung 4 auf, das
mit dem Zwei-Zustands-Modell in Abbildung 2a korrespondiert.
Bei Person 1 stellen wir fest, daß im Beobachtungszeitraum
kein Ereignis aufgetreten ist. Die Episode ist also "abgeschnitten"; es handelt sich um ein zensiertes Datum. Anders
bei Person 2. Zum Zeitpunkt $t_2$ (der Episodenindex m kann hier
weggelassen werden, da beim Zwei-Zustands-Modell mit absorbierendem Zielzustand nur eine Episode pro Fall betrachtet
wird) hat Person 2 eine Beschäftigung aufgenommen. Die Episode Arbeitslosigkeit ist nicht zensiert, und wir sprechen
daher von einem <u>nicht-zensierten Datum</u> oder einer <u>exakten</u>
<u>Beobachtung</u>.

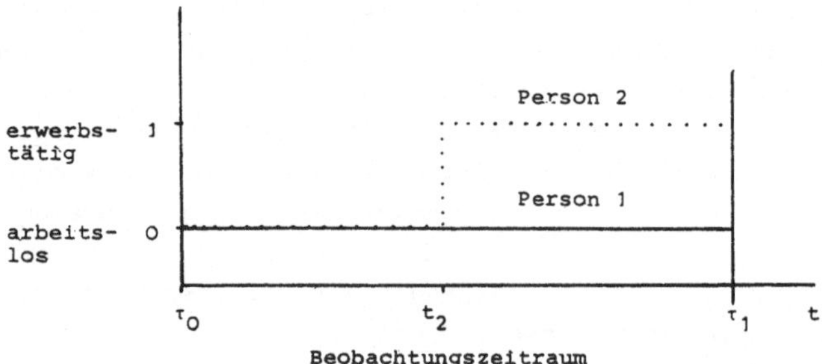


<u>Abbildung 4</u>: Zustandsvariablen-Zeitdiagramm für die
Dauer der Arbeitslosigkeit

In der Praxis stellt sich fast immer das Problem rechtszen-
sierter Daten. Nicht alle Ehen werden im Beobachtungszeitraum
geschieden, nicht alle Personen finden einen Arbeitsplatz usf.

---

[1] Wenn im folgenden kurz von zensierten Daten die Rede ist,
so sind damit immer <u>rechtszensierte</u> Daten gemeint.

Vernachlässigt man einfach die zensierten Fälle bei der Auswertung der Daten, dann führt dies zu einer u.U. äußerst krassen Verzerrung der Ergebnisse. Ein großer Vorteil der Schätzverfahren auf der Basis stochastischer Modelle ist darin zu sehen, daß sie die Informationen zensierter Daten explizit nutzen und optimal verarbeiten können.

Wenn von dem Beginn der Beobachtungsperiode bei Person i ($\tau_{i0}$) die Rede war, so wurde auf die <u>Kalenderzeit</u> oder <u>chronologische Zeit</u> verwiesen. Wurde dagegen von der Verweildauer oder Ankunftszeit gesprochen, so ist damit die <u>Prozeßzeit</u> gemeint. Nehmen wir an, Person 1 wurde am 1. Januar und Person 2 am 1. April arbeitslos. Die Kalenderzeit ist dann bei beiden Personen unterschiedlich, während die Prozeßzeit t jeweils bei Beginn der Arbeitslosigkeit auf O gesetzt wird. Wir haben es also mit zwei Uhren zu tun. Eine mißt die chronologische, die andere die Prozeßzeit. Wird bei der Datengewinnung die Kalenderzeit von Ereignissen erhoben, so ist zunächst eine Übersetzung in die für die Datenanalyse und Modellkonstruktion relevante Prozeßzeit erforderlich.

Die in diesem Buch präsentierten stationären Modelle können wohl Verweildauereffekte (Zeit-Inhomogenität), nicht aber Kalenderzeiteffekte explizit modellieren. Allerdings ist es möglich, mittels des Untersuchungsdesigns, z.B. durch die Auswahl geeignet geformter Kohorten, oder auch durch Kovariate vermutete "Einflüsse" der Kalenderzeit zu kontrollieren.

### 1.3.2. <u>Ereignisdaten als Individualdaten und gruppierte Daten</u>

Bei Ereignisdaten mit mehreren Episoden wie im Beispiel der Drogenkarriere sind die kleinsten Einheiten der Analyse die Episoden. Datentechnisch bedeutet dies, daß pro Episode eine "logische" Lochkarte zu präparieren ist. Ein Beispiel werden wir in Kap.5 behandeln.

Einfacher ist die Situation hingegen beim Beispiel der Arbeitslosigkeitsuntersuchung. Hier existiert pro Individuum nur eine Episode, so daß in üblicher Weise die Individuen die Analyseeinheit bilden.

Um die Angelegenheit nicht übermäßig zu komplizieren, werden wir in Abgrenzung zu gruppierten Daten in beiden Fällen von Individualdaten sprechen, da sowohl bei der Drogenkarriere als auch bei der Arbeitslosigkeitsdauer die erhobenen Merkmale (Episodendauer und unabhängige Variablen) Individuen zugeordnet werden können.

Bei Individualdaten kann der exakte Zeitpunkt eines Ereignisses bekannt sein, z.B. wenn die Daten darüber informieren, daß Person i nach x Tagen arbeitslos wurde. Es kann aber auch der Fall sein, daß die Daten nur über einen Zeitbereich Aufschluß geben, in dem ein Ereignis stattgefunden hat. Diese Situation liegt häufig vor, wenn man nach dem Alter in Jahren  fragt, zu dem ein Ereignis stattgefunden hat. Z.B. besagt die Angabe des Alters, in dem der erste Ladendiebstahl begangen wurde, daß das Ereignis "erster Ladendiebstahl" irgendwann innerhalb eines bestimmten Jahres aufgetreten ist. Natürlich kann man auch Grade der Exaktheit von Zeitangaben unterscheiden. Es genügt jedoch im folgenden, von der Dichotomie auszugehen, daß bei Individualdaten die exakten Zeitpunkte von Ereignissen bekannt sein können, oder aber nur abgegrenzte Zeitbereiche, in die die Ereignisse fallen. Im ersten Fall sprechen wir von Zeitpunkt-Daten, im letzteren Fall von Zeitbereichs-Daten.

Veröffentlichte Daten von statistischen Ämtern sind im Gegensatz zu Individualdaten normalerweise aggregiert. Auch ist hier zumeist nicht der exakte Zeitpunkt eines Ereignisses erschließbar, sondern nur ein mehr oder minder großes Zeitintervall angegeben. Aus kohortenspezifischen Scheidungsdaten z.B., wie sie gelegentlich von statistischen Ämtern publiziert

werden, kann man entnehmen, wieviele Ehen eines Eheschlies-
sungsjahrgangs nach einem Jahr, nach zwei Jahren usf. geschieden sind. Man weiß also nur, daß eine bestimmte Anzahl
von Scheidungen, z.B. im dritten Ehejahr, stattgefunden hat,
ohne in jedem einzelnen Fall das genaue Datum zu kennen.
Solche tabellarischen Daten, bei denen eine große Anzahl von
Untersuchungseinheiten aggregiert wurden, bezeichnen wir im
folgenden als gruppierte Daten. Im Unterschied zu Individualdaten können wir bei gruppierten Daten in der Regel davon
ausgehen, daß es sich um Zeitbereichs-Daten handelt.

## 1.3.3. Alternative Datenstrukturen

Die Ereignisgeschichten in Abbildung 3 und 4 kann man für jedes Individuum durch Paare von Zustandswerten und Zeitpunkten,
zu denen ein Zustandswechsel erfolgt, charakterisieren (siehe
auch TUMA 1979). Für Person 1 in Abbildung 3 wird die vollständige Ereignisgeschichte mit den folgenden Meßwertepaaren
wiedergegeben:

Ereignisgeschichte $\{(\tau_{10},0),(t_{11},1),(t_{12},2),(t_{13},0),(\tau_{11},0)\}$

Kennt man nur die Abfolge der Episoden (keine Drogen, weiche
Drogen usf.) im Beobachtungszeitraum, nicht aber die Zeitpunkte der Zustandswechsel, so spricht man von Ereignis-Se-
quenz-Designs. Für Person 1 liegt dann nur folgende Information vor:

Ereignissequenz $\{(\tau_{10},0),1,2,0,(\tau_{11},0)\}$.

Wurden nur die Ereignishäufigkeiten (Event Counts) im Beobachtungszeitraum erhoben, so ist der Informationsgehalt der
Daten noch geringer. Jetzt kann man nur darüber Auskunft geben, wie häufig sich eine Person im Zustand 0,1,2 während
des Beobachtungszeitraums befand.

<u>Ereignishäufigkeit</u> $\{(\tau_{10},\tau_{11}),(0,2),(1,1)(2,1)\}$

Das erste Paar gibt den Beobachtungszeitraum an. Bei den übrigen Paaren gibt die erste Zahl den Zustand und die zweite Zahl die Häufigkeit des Ereignisses wieder. Z.B. war Person 1 zweimal im Zustand O.

Bei <u>Panel-Daten</u> ist nur bekannt, in welchem Zustand sich eine Person zu den Befragungszeitpunkten, also den "Wellen" der Panel-Studie, befindet. Bei einer Panel-Studie mit zwei Wellen zu Beginn und zum Ende des Beobachtungszeitraums erhält man als Daten:

<u>Panel-Daten</u> $\{(\tau_{10},0),(\tau_{11},0)\}$

Die zwischen den "Wellen" liegende Ereignisgeschichte bleibt jedoch unbekannt. Panel-Daten sehr ähnlich sind <u>Quantal-Response-Daten</u>, welche bei bekanntem Episodenbeginn aus einer Inspektion resultieren, durch die nur festgestellt wird, ob das untersuchte Ereignis eingetreten ist oder nicht. Solche Daten können z.B. bei einer Retrospektiverhebung anfallen, in der zwar nach dem Eintreten bestimmter Ereignisse (der erste Ladendiebstahl, die erste Liebe), nicht aber nach dem Alter bei diesem Ereignis gefragt wird, etwa weil die Altersangabe im Gegensatz zur Ereignisangabe sehr unzuverlässig ist.

Eine <u>Querschnittsstudie</u> zum Zeitpunkt $\tau_{11}$ schließlich liefert die Daten:

<u>Querschnittsdaten:</u> $\{(\tau_{11},0)\}$

Die Bezeichnungen Panel- und Querschnittsdaten beziehen sich hier auf die <u>Art der Daten</u>, nicht auf die <u>Erhebungsmethode</u>. Bei einer einmaligen Befragung kann man z.B. versuchen, die Berufskarriere <u>retrospektiv</u> zu erfassen. Ebenso kann man

bei einer Panel-Erhebung nach der Ereignisgeschichte zwischen
den Befragungszeitpunkten fragen. Dann sind das Resultat
keine Querschnitts- oder Paneldaten, sondern Ereignisdaten.

Wie man sieht, haben Ereignisdaten den höchsten Informationsgehalt. Dies ist wohl auch der Grund, daß in den letzten Jahren ein zunehmendes Interesse an der Erhebung von Ereignisdaten zu verzeichnen ist. Und vermutlich ist dies auch einer
der Gründe hinter der Forderung nach qualitativen Methoden
zur Erfassung von Lebensverläufen.

Von Ereignisdaten bis hin zu Querschnittsdaten existiert eine
Datenhierarchie: Kennt man die Ereignisgeschichte, so kennt
man auch alle anderen Daten, aber nicht umgekehrt.

Zur Schätzung der Parameter stochastischer Modelle sind Ereignisdaten besonders gut geeignet. Umgekehrt liefert die
Theorie stochastischer Prozesse die geeigneten Modelle zur
Analyse von Ereignisdaten. Aber auch bei weniger informati-
ven Daten - bis hin zu Querschnittsdaten - können stochastische Modelle gute Dienst leisten. Der Preis, der hierfür
zu zahlen wäre, ist je nach Art der Daten die Akzeptierung
mehr oder minder realistischer Annahmen.[1]

---

[1] In dieser Einführung beschäftigen wir uns nur mit der Analyse von Ereignisdaten. Verfahren und Programme zur Auswertung von Querschnittsdaten, Paneldaten und Ereignishäufigkeiten mit stochastischen Modellen findet man in
dem Buch von COLEMAN (1981). Die Programme sind am Lehr-
stuhl von Prof.Kreutz an der Universität Nürnberg implementiert.

## 1.4. <u>Einige Vorteile der Datenanalyse mit stochastischen Modellen</u>

Stellen wir zusammenfassend noch einmal die Vorteile der Datenanalyse auf der Basis stochastischer Modelle dar. Welchen Beitrag zur Problemlösung leisten die hier vorgestellten Verfahren?

Einige Probleme einer empirisch orientierten Sozialwissenschaft lassen sich stichwortartig auflisten:

- Problem 1: Dynamische Theorien versus statische Analyse

- Problem 2: Probabilistische versus deterministische Regelmäßigkeiten

- Problem 3: Messung und Skalenprobleme

- Problem 4: Explorative Datenanalyse

- Problem 5: Prüfung von Hypothesen und Ermittlung der Einflußstärke unabhängiger Variablen

- Problem 6: Geeignete Schätzverfahren zur Auswertung verschiedener Arten von Längsschnittdaten, insbesondere von Lebensverläufen, sozialen Karrieren und Biographien

- Problem 7: Berücksichtigung zensierter Daten

- Problem 8: Gewinnung informativer Aussagen über den Verlauf sozialer Prozesse.

Auf das Dilemma von dynamischen Theorien und "Dynamik indizierenden Bezeichnungen" in der Soziologie ("sozialer Wandel", "Mobilität", "Evolution", "sozialer Prozeß" usf.) einerseits und meist statischen Analyseverfahren und Auswertungen von Querschnittsdaten andererseits hat schon vor einem Jahrzehnt HARDER (1973) in dieser Buchreihe hingewiesen. Ein Vorteil

der stochastischen Modellbildung besteht darin, daß das
"Hardersche Dilemma" aufgelöst wird. Stochastische Modelle
tragen dem Zeitverlauf und damit der Dynamik explizit Rechnung.

Im Unterschied zu den naturwissenschaftlichen Makrogesetzen
haben es die Sozialwissenschaften vorwiegend mit Wahrschein-
lichkeitsgesetzen  oder probabilistischen Regelmäßigkeiten
zu tun. Mit stochastischen Prozessen sind Wahrscheinlichkeitsverteilungen erklärbar und prognostizierbar. Hierdurch
wird der nicht-deterministische  Charakter sozialwissen-
schaftlicher Gesetzmäßigkeiten explizit berücksichtigt.

Skalenprobleme sind bei der Datenanalyse mit stochastischen
Modellen von geringerer Bedeutung. Bei der Auswertung von Ereignisdaten wird ja die Zeitskala zugrunde gelegt. Existiert
ein "natürlicher" Beginn des Prozesses, d.h. ist der Nullpunkt
der Zeitskala substantiell interpretierbar und nicht beliebig
gewählt, so verfügt man sogar über eine Ratioskala.[1]

Die sogenannten nicht-parametrischen Verfahren der  Survival-
Analyse  sind besonders geeignet zum Zweck explorativer Datenanalysen, ohne genau spezifiziertes theoretisches Vorwis-
sen vorauszusetzen. Zur Prüfung von Hypothesen über Zeitverläufe und Kausaleffekte kann hingegen auf parametrische Modelle zurückgegriffen werden. Sowohl für explorative als auch
für konfirmatorische Datenanalysen stehen somit Methoden zur
Verfügung.

---

[1] Bei den unabhängigen Variablen können allerdings Probleme
mit den Skaleneigenschaften auftreten. Diese müssen entweder mindestens Intervallskalenniveau haben oder als dichotome Dummy-Variablen in die Analyse eingehen. Genaueres dazu weiter unten.

Zur Auswertung von Ereignisdaten werden neue Methoden benötigt. Bekannte Verfahren wie die Regressionsanalyse sind nur
in seltenen Sonderfällen anwendbar - in der Regel scheitern
sie am Problem zensierter, also unvollständiger  Daten. Der
Vorzug der stochastischen Verfahren ist u.a. darin zu sehen,
daß sie nicht nur die angemessenen Techniken zur Analyse der
verschiedenen vorher erwähnten Arten von Längsschnittdaten
darstellen, sondern auch gute Schätzungen bei zensierten Daten ermöglichen.

Ferner gestatten stochastische Modelle - wurden die Parameter
erst einmal an Daten geschätzt - eine Vielzahl von Ableitungen über den Verlauf des Prozesses. Stochastische Modelle
haben somit einen hohen Informationsgehalt.

## 2. Grundlegende Konzepte stochastischer Modelle

In diesem Kapitel wollen wir die Arbeitsinstrumente der Analyse genauer behandeln. Für die praktische Anwendung der Verfahren ist ein eingehendes Verständnis der folgenden Konzepte und der zwischen ihnen existierenden Beziehungen von Bedeutung:

- Zustandsraum-Variable $Y(t)$
- Zustände $j=1,2,3,\ldots,n$
- Ankunftszeit $T_j$ bezüglich Zustand $j$ (Zufallsvariable)
- Übergangsrate $r_{jk}(t)$
- Hazardrate $r_j$ im Zustand $j$
- Übergangswahrscheinlichkeit $q_{jk}(t,t+\Delta t)$
- Überlebensfunktion im Zustand $j$ $G_j(t)$
- (Kumulierte) Wahrscheinlichkeitsverteilung der Ankunftszeiten bezüglich Zustand $j$ $F_j(t)$
- Wahrscheinlichkeitsdichteverteilung der Ankunftszeiten $f_j(t)$, wenn $T_j$ eine stetige Zufallsvariable ist
- Erwartungswert (Mittelwert) der Ankunftszeiten $E(T_j)$
- Häufigkeitsverteilung $p_j(t)$ der diskreten Zustandsraum-Variablen $Y(t)$.

Kompliziertere Ableitungen, die für die Anwendung der Verfahren zur Datenanalyse nicht unbedingt erforderlich, für ein tieferes Verständnis aber sehr nützlich sind, findet der interessierte Leser im Anhang.

### 2.1. Arten stochastischer Prozesse

Eine erste Entscheidung bei der Modellkonstruktion betrifft die Wahl des Zustandsraums. Die Zustände können diskret oder stetig sein und entsprechendes gilt für die Zustandsraum-Variable $Y(t)$. In Abbildung 2d in Kap.1 z.B. wird der Zustandsraum in drei diskrete, sich gegenseitig ausschließende und erschöpfende Zustände zerlegt: keine Drogen, weiche Drogen

und harte Drogen. Die korrespondierenden Werte der (Zufalls-)
Variablen $Y(t)$ sind $j=0,1$ und $2$.

Für jeden Zustand existiert eine Wahrscheinlichkeit. In der
Regel ändern sich diese Wahrscheinlichkeiten im Zeitablauf.
Die Zeit $t$ kann hierbei diskret oder stetig sein. Im ersten
Fall ist die Wahrscheinlichkeitsverteilung $Y(t)$ nur zu festen
Zeitpunkten $t=0,1,2\ldots$ definiert, im zweiten Fall zu jedem
Zeitpunkt $t\geq0$. Wie Tabelle 1 zeigt, kann man nun vier Arten
stochastischer Prozesse unterscheiden:

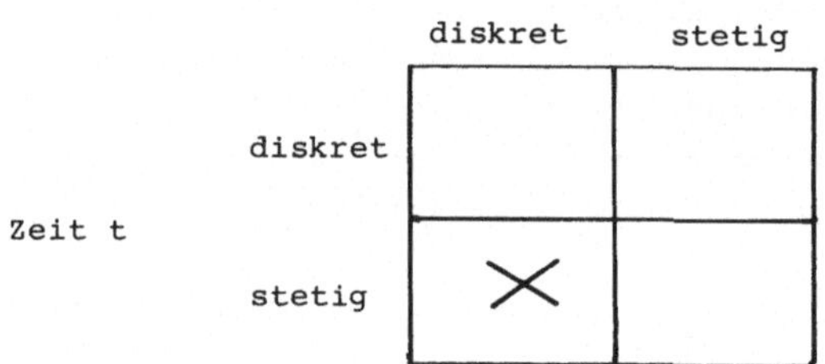


Tabelle 1: Vier Typen stochastischer Prozesse

Der für uns in Frage kommende Modelltyp ist mit einem Kreuz
gekennzeichnet. Wir befassen uns also mit Prozessen mit stetiger Zeit und diskreten Zuständen.[1]

---

[1] Die Wahl eines diskreten Zustandsraums ist keine Vorent-
scheidung bezüglich des Skalenniveaus der Variablen $Y(t)$.
Diese kann ebenso nominales wie Absolutskalenniveau haben.
Wenn die Ausprägungen von $Y(t)$ als Zahl von Ereignissen (z.B.
Deliktzahl wie in Abbildung 2b) interpretiert werden, hat
$Y(t)$ z.B. absolutes Skalenniveau.

Diese Wahl hat zwei Vorteile: Erstens ist der Prozeßtyp bei den
meisten sozialwissenschaftlichen Problemen angemessen. Ereignisse können zu jedem Zeitpunkt auftreten und nicht nur zu
festgelegten Zeitpunkten. Zweitens ist das Modell mathema-
tisch relativ gut handhabbar.

Den Ausprägungen von $Y(t)$ entsprechen Zustandswahrscheinlichkeiten, die von der Zeit abhängen. Für die Wahrscheinlichkeit, daß eine Person zum Zeitpunkt t z.B. weiche Drogen
(Zustand j=1) nimmt, schreiben wir symbolisch $p_1(t)=P[Y(t)=1]$.
Allgemein gilt: $p_j(t)=P[Y(t)=j]$.

$p_j(t)$ ist die (diskrete) Wahrscheinlichkeitsverteilung der
Zufallsvariablen $Y(t)$, definiert für den jeweils gewählten
Zustandsraum. Zu jedem positiven Zeitpunkt t existiert eine
solche Wahrscheinlichkeitsverteilung - man spricht auch von
einer "Familie" von Verteilungen. Einen stochastischen Prozeß kann man jetzt definieren als eine <u>Familie zeitindizier-
ter Zufallsvariablen</u> (RAPOPORT 1980, S.101), deren zeitabhängige Wahrscheinlichkeitsverteilung es zu erklären und zu
bestimmen gilt.

Wenn ein stochastischer Prozeß nicht-trivial ist, sind zwischen den Zuständen Übergänge möglich.[1] Eine Person kann von
den "weichen Drogen" zum Zeitpunkt t in einem Zeitintervall
$\Delta t$ in den Zustand "keine Drogen" wechseln. $Y(t)$ hätte dann den
Wert 1 und $Y(t+\Delta t)$ den Wert O. Die bedingte Wahrscheinlichkeit eines direkten oder indirekten (d.h. über Zwischensta-
tionen) Wechsels vom Zustand j im Zeitpunkt t in den Zustand
k im Zeitpunkt $(t+\Delta t)$, also im Zeitintervall $\Delta t$, bezeichnet
man als Übergangswahrscheinlichkeit $q_{jk}(t,t+\Delta t)$.

---

[1] Andernfalls stünden in der Diagonale der Matrix der Übergangswahrscheinlichkeiten (dazu weiter unten) nur Einsen
und $p_j(t)$ wäre zu jedem Zeitpunkt konstant.

Formal:[1] $\quad q_{jk}(t,t+\Delta t) = P[Y(t+\Delta t)=k\,|\,Y(t)=j]$

Nehmen z.B. nach 6 Monaten 80 Personen leichte Drogen und haben von diesen nach 7 Monaten ($\Delta t=1$) 20 mit dem Drogenkonsum vollständig aufgehört, so ergibt sich als Schätzwert der Übergangswahrscheinlichkeit für dieses Zeitintervall ein $q_{10}(6,7)$ von 0,25 vom Zustand 1 in den Zustand 0.

Bei einer wichtigen Klasse von stochastischen Prozessen ist die Übergangswahrscheinlichkeit nur davon abhängig, in welchem vorhergehenden Zustand j sich die Untersuchungseinheit befand, nicht jedoch vom vorvorhergehenden und allen früheren Zuständen der Ereignisgeschichte. Für eine Person, die zum Zeitpunkt t weiche Drogen nimmt, werden also unabhängig von ihrer vorherigen Drogenkarriere für die Zukunft die gleichen Übergangswahrscheinlichkeiten unterstellt. Solche Prozesse "ohne Gedächtnis" werden als <u>Markov-Prozesse</u> bezeichnet.[2]

Von <u>Semi-Markov-Prozessen</u> wird dann gesprochen, wenn die Übergangswahrscheinlichkeit zusätzlich von der Verweildauer im vorhergehenden Zustand j abhängig ist. Konsumenten von weichen Drogen können dann unterschiedliche Übergangswahr-

---

[1] P bezeichnet wie vorher die Wahrscheinlichkeit. Das Symbol "|" ist zu lesen als "unter der Bedingung von ...".

[2] $P[Y(t+\Delta t) = k\,|\,Y(t)=j$ und $Y(\tau)=y(\tau)$ für $\tau<t] =$
$P[Y(t+\Delta t) = k\,|\,Y(t)=j]$
Die Übergangswahrscheinlichkeit von j nach k ändert sich nicht, auch wenn man die gesamte Vorgeschichte $Y(\tau)$ des Prozesses kennt.

scheinlichkeiten aufweisen, je nachdem wie lange sie sich schon im Zustand 1 befunden haben.[1]

Die Modellklasse, mit der wir uns hier beschäftigen, können wir somit weiter einschränken: Es handelt sich um <u>Markov- oder Semi-Markov-Prozesse mit diskreten Zuständen und stetiger Zeit.</u>[2]

In dem Drogenbeispiel wurden drei Zustände unterschieden, wobei die Möglichkeit besteht, jeden Zustand erneut zu durchlaufen. Solche Modelle werden als <u>Mehr-Zustands-Modelle (Multi-State-Modelle) mit reversiblen Ereignissen</u> bezeichnet. Die jeweilige Festlegung des Zustandsraums wird durch substanzwissenschaftliche Überlegungen, durch das Forschungsproblem und die Fragestellung der Untersuchung gesteuert.

Das einfachste Modell ist dagegen das <u>Zwei-Zustands-Modell mit absorbierendem Zielzustand</u>. In diesem Fall sind die Ereignisse irreversibel. Die Konzepte der Analyse lassen sich am besten anhand dieses Zwei-Zustands-Modells erläutern. Darüber hinaus ist das Modell auch bei empirischen Anwendungen von großer Bedeutung.

## 2.2. <u>Das Zwei-Zustands-Modell mit absorbierendem Zielzustand</u>

Verschiedene Anwendungen des Modells sowie die Notation sind in Abbildung 5 aufgelistet. Interpretieren wir im folgenden

---

[1] Bei Semi-Markov-Prozessen ist das Zeitintervall zwischen zwei Ereignissen nicht exponential verteilt wie im Fall von Markov-Prozessen. Dazu weiter unten.

[2] Die Unabhängigkeit von der Vorgeschichte erscheint eine sehr restriktive Annahme zu sein. In gewisser Weise kann jedoch die Vorgeschichte in den Kovariaten zum Ausdruck kommen (dazu weiter unten), so daß die Restriktion weniger einschneidend ist, als es den Anschein hat.

Zustand 0 als "arbeitslos". Die Wartezeit bezieht sich dann auf das Intervall bis zum Eintreten des Ereignisses "Aufnahme einer Erwerbstätigkeit" (Zustand 1). Da wir es nur mit einer einzigen Übergangsrate zu tun haben, verzichten wir auf die explizite Hinzufügung der Zustandsindizes bei der Rate $r(t)$ und der Übergangswahrscheinlichkeit $q(t,t+\Delta t)$. Da ferner Zustand 1 absorbierend ist, sind $T_j, G_j(t), F_j(t)$ und $f_j(t)$ sinnvollerweise immer nur auf den Zustand $j=0$ bezogen. Auch hier können wir die Notation vereinfachen, indem wir den Index $j$ weglassen.

2.2.1. <u>Übergangsrate, Überlebensfunktion und Verteilungen</u>

Eine herausragende Stellung nimmt die Übergangsrate

$$(1) \qquad r(t) = \lim_{\Delta t \to 0} q(t,t+\Delta t)/\Delta t$$

ein. Für "sehr kleine" Zeitintervalle der Länge $\Delta t$ sind also Rate und Übergangswahrscheinlichkeit proportional:

$$q(t,t+\Delta t) \cong r(t) \cdot \Delta t$$

Um sich in erster Näherung unter der nicht direkt beobachtbaren Übergangsrate etwas vorstellen zu können, kann man grob sagen, daß sie für kurze Zeiteinheiten der (bedingten) Wahrscheinlichkeit zum Zustandswechsel entspricht. Die Rate informiert damit über die <u>Intensität</u> der momentanen Neigung oder das <u>Risiko</u> zum Zustandswechsel.[1] Da sie zwar nicht-negativ ist, aber größere Werte als eins annehmen kann, ist sie jedoch keine Wahrscheinlichkeit.

---

[1] Für die Übergangsrate sind zahlreiche Synonyme gebräuchlich wie das schon erwähnte <u>Risiko</u>, ferner <u>Intensität</u> oder <u>"Force of Mortality"</u>. Bei Modellen mit einem Zielzustand ist die Übergangsrate auch mit der <u>Hazardrate</u> identisch (dazu weiter unten).

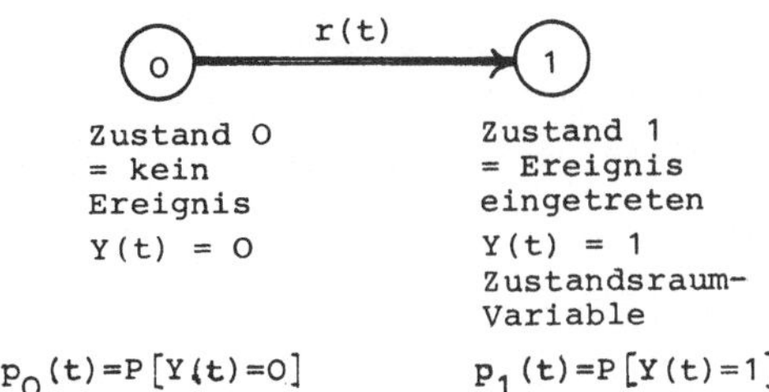


Zustand O         Zustand 1
= kein           = Ereignis
Ereignis         eingetreten
$Y(t) = O$        $Y(t) = 1$
                  Zustandsraum-
                  Variable

$p_O(t) = P[Y(t)=O]$       $p_1(t) = P[Y(t)=1]$

$r(t)$ = Übergangsrate
$q(t, t+\Delta t)$ = Übergangswahrscheinlichkeit

<u>Abbildung 5</u>: Zwei-Zustands-Modell mit absorbierendem Ziel-
zustand

<u>Beispiele</u>

| - arbeitslos | | | | |
|---|---|---|---|---|
| - konform | | | - erwerbstätig | |
| - Beruf i | | | - abweichend | |
| - lebend | | | - Beruf j | |
| - unfallfrei | | | - tot | |
| - alter Wohnsitz | } $Y(t)=O$ | | - Unfall | |
| - beschäftigt | | | - neuer Wohnsitz | } $Y(t)=1$ |
| - Organisation | | | - arbeitslos | |
|   existiert | | | - Organisation | |
| - Ehe existiert | | |   "gestorben" | |
| - Aufgabe nicht | | | - Scheidung | |
|   gelöst | | | - Aufgabe | |
| | | |   gelöst | |

Die Übergangsrate ist deswegen von zentraler Bedeutung, weil
sie erstens Gegenstand der Hypothesenbildung ist und zweitens
den Verlauf des Prozesses in eindeutiger Weise festlegt. Zunächst jedoch noch einige Begriffe, bevor hierauf und auf
weitere Interpretationen der Übergangsrate eingegangen werden kann.

Bei einem stochastischen Prozeß kann man, wie wir schon gesehen haben, zwei Zufallsvariablen und ihre zugehörigen Verteilungen betrachten: Erstens die <u>Zustandsraum-Variable Y(t)</u>

und zweitens die <u>Ankunftszeit T eines Zustandswechsels oder
Ereignisses</u>. Wir führen jetzt folgende Funktionen ein, wobei
wir uns auf Prozesse mit stetiger Ankunftszeit-Variablen T
beschränken:

- Die <u>Überlebensfunktion</u> $G(t) = P[T \geq t]$ gibt die Wahrscheinlichkeit an, daß eine Person den Zeitpunkt t "erlebt", d.h. daß
  kein Ereignis eintritt (Abbildung 6a). $G(t)$ ist identisch
  mit der Zustandswahrscheinlichkeit $p_O(t)$, denn $p_O(t)$ informiert ja darüber, wie groß die Wahrscheinlichkeit ist, daß
  sich eine Person zum Zeitpunkt t noch im Zustand O befindet.

- <u>Die kumulierte Verteilungsfunktion der Ankunftszeiten</u>
  $F(t) = P[T \leq t]$ gibt die Wahrscheinlichkeit an, daß bis zum
  Zeitpunkt t ein Ereignis eingetreten ist (Abbildung 6b).

- Die <u>Wahrscheinlichkeitsdichteverteilung</u> der Ankunftszeiten wird mit $f(t)$ bezeichnet. Sie gibt über die (absolute) Wahrscheinlichkeit Aufschluß, daß in einem bestimmten Zeitintervall ein Ereignis eintritt (Abbildung 6c).

Anhand eines einfachen physikalischen Systems kann man sich
die Begriffe gut veranschaulichen. Betrachten wir einen Was-
serbehälter (dessen Volumen gleich eins gesetzt wird) mit
einem Abfluß und einem Ventil (Abbildung 6d). Der Behälter
entspricht dann dem Zustand O, das Wasserbecken unter dem
Abfluß dem Zustand 1, die Wassermenge in dem Behälter entspricht $G(t)$, die abgeflossene Menge $F(t)$ und die momentan
durch das Ventil fließende Menge entspricht $f(t)$.[1]

---

[1]  Wenn man davon ausgeht, daß der momentane Durchfluß $f(t)$
     dem Volumen im Behälter proportional ist, dann erhält man
     für $f(t)$ - wie sich leicht zeigen läßt - die Exponential-
     verteilung mit der Hazardrate r als Proportionalitätskon-
     stante. Auf diese Weise kann man eine Art "Galton-Brett"
     für die Exponentialverteilung konstruieren. Das Bild mit
     dem Ventil, das hier ausformuliert wurde, ist einem Teil-
     nehmer eines an der Universität Nürnberg abgehaltenen
     Seminars zu verdanken.

a) G(t)=Überlebenswahrschein-
   lichkeit im Zustand O

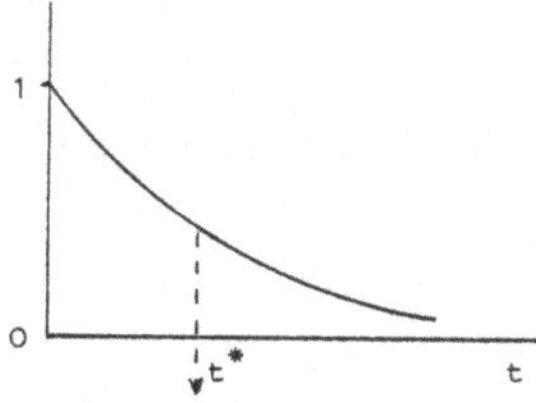

z.B. Wahrscheinlichkeit,
daß die Arbeitslosigkeit
mindestens $t^*$ Monate
anhält.

b) F(t)=kumulierte Verteilung
   der Ankunftszeiten

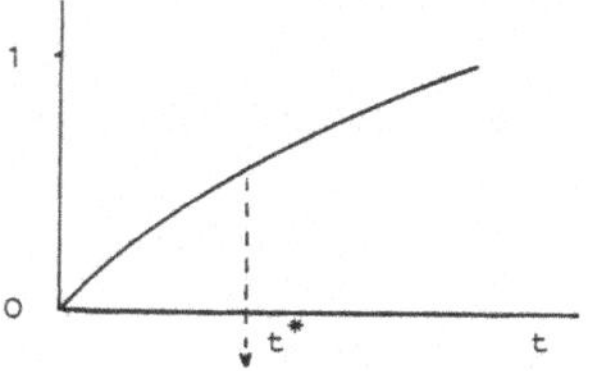

z.B. Wahrscheinlichkeit,
daß nach spätestens $t^*$
Monaten eine Beschäftigung
aufgenommen wird.

c) f(t)=Dichte von F(t)

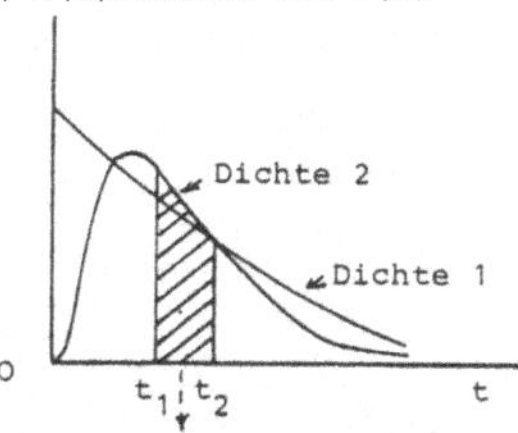


z.B. Wahrscheinlichkeit,
daß eine Beschäftigung im
Zeitraum $t_1, t_2$ gefunden
wird.

Dichte 1 ist eine monoton
abnehmende Verteilung wie
z.B. die Exponentialverteilung in Abschnitt 2.2.2.

Dichte 2 ist eine nicht-
monotone eingipfelige Verteilung.

d) Physikalisches Beispiel

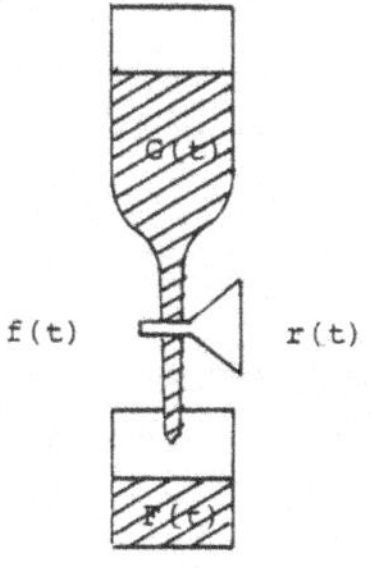


f(t) entspricht hier dem
momentanen und

r(t) dem relativen momen-
tanen Durchfluß.

__Abbildung 6:__   Überlebensfunktion und
Verteilungen

Zwischen den drei Funktionen bestehen einfache und eindeutige
Beziehungen. Die Wahrscheinlichkeit, daß eine Person bis t
überlebt oder daß sich bis zum Zeitpunkt t etwas ereignet,
muß ja eins sein. F(t) ist somit zu G(t) komplementär:

$$(2) \quad F(t) = 1-G(t)$$

Ferner sei hier wiederholt, was einführenden Statistik-Texten
zu entnehmen ist, daß die Dichteverteilung der ersten Ableitung der Verteilungsfunktion entspricht. Es gilt also:[1]

$$(3) \quad f(t) = \frac{dF(t)}{dt}$$

Welche Beziehungen bestehen nun zwischen der Übergangsrate
und den drei Funktionen G(t), F(t) und f(t)?

Ohne Beweis seien hier einige Ergebnisse aufgeführt, deren
Ableitung in Anhang 2 nachvollzogen werden kann. Aus den Annahmen des Modells folgt die zentrale Beziehung:

$$(4) \quad r(t) = \frac{f(t)}{1-F(t)} = \frac{f(t)}{G(t)}$$

Man kann sich den Ausdruck (4) wie folgt veranschaulichen.
Die Übergangsrate entspricht der Häufigkeit von Zustands-
wechseln in einem sehr kleinen Zeitintervall dividiert durch
alle "Überlebenden", d.h. Kandidaten für einen Zustandswechsel (=Risikomenge). Bezogen auf das physikalische Beispiel
handelt es sich um den relativen momentanen Durchfluß.

---

[1] $$f(t) = \lim_{\Delta t \to 0} \frac{P[t<T<t+\Delta t]}{\Delta t} = \lim_{\Delta t \to 0} \frac{F(t+\Delta t)-F(t)}{\Delta t} = \frac{dF(t)}{dt}$$

Für kleine Zeiteinheiten entspricht f(t) ungefähr der
(absoluten) Wahrscheinlichkeit, daß im Zeitintervall
(t,t+$\Delta$t) ein Ereignis eintritt.

Wenn beispielsweise von 1000 Personen, die am 1.Januar arbeitslos wurden, nach 30 Tagen immer noch 800 ohne Arbeit
sind (=Risikomenge), so könnte man als Schätzwert von G(30)
den Wert 0,8 angeben.  Wenn weiterhin am nächsten Tag, also
im Zeitintervall $[t=30, t+\Delta t=31]$ 4 Personen eine Beschäftigung
aufnehmen, so beträgt die absolute Wahrscheinlichkeit eines
Ereignisses für dieses Intervall etwa 4/1000=0,004. Dies wäre
eine grobe Schätzung von f(30), dessen Wert ja auf einen Zeitpunkt und nicht auf ein Intervall bezogen ist. Als Schätzung
der Übergangswahrscheinlichkeit q(30,31) und damit wegen $\Delta t=1$
ungefähre Schätzung der Rate r(30) erhielte man als Resultat
4/800,  unter Benützung von (4) wegen f(30)/G(30) = 0,004/0,8
dasselbe Ergebnis.

## 2.2.2. Das Modell mit zeitunabhängiger Rate

Wir betrachten jetzt den Spezialfall einer im Zeitablauf konstanten Rate r(t)=r. In diesem Fall, der sozusagen das Basis-
Modell darstellt, spricht man auch von einem einfachen __Pois-
son-Prozeß__.[1]

Mit der Annahme der Zeitkonstanz der Rate kann man - wie in Anhang 2 gezeigt - eine Gleichung formulieren, deren Lösung
eine Beziehung zwischen der Überlebensfunktion und der Rate
liefert:

$$(5) \quad G(t) = e^{-rt}$$

---

[1] Die Bezeichnung rührt daher, daß bei einem Zählprozeß wie
in Abbildung 2b mit konstanter Rate die Zustandsvariable
"Y(t)=Anzahl von Ereignissen" einer Poisson-Verteilung mit
Parameter $\lambda=r.t$ folgt, wobei die Zeitintervalle bis zum
Eintreffen eines neuen Ereignisses gemäß Formel (7) ex-
ponentialverteilt sind. Siehe z.B. CHIANG 1968, Kap.III.

Die Zahl e=2,718 ist hierbei die Basis des natürlichen Logarithmus. Die Überlebenskurve fällt also exponentiell mit zunehmender Länge des Zeitintervalls.Für t=O ist G(t)=1, wie man
erwarten darf: Alle Personen sind zum Startzeitpunkt des Prozesses ja im Zustand O. Auf der anderen Seite strebt G(t) mit
wachsender Zeit gegen O (siehe Abbildung 6a).

Kennt man G(t), so ergibt sich als Komplement sofort F(t):

$$(6) \quad F(t) = 1-e^{-rt}$$

Schließlich erhält man die Dichtefunktion f(t) durch Ableitung
von F(t) nach t:

$$(7) \quad f(t) = re^{-rt}$$

Auch die Dichtefunktion ist bei dem Modell mit konstanter
Rate eine monoton fallende Funktion (siehe auch Abbildung 6c).
Für t=O ist f(t) maximal, nämlich r. Die Wahrscheinlichkeit eines Ereignisses ist zu Beginn des Prozesses am größten und sinkt dann exponentiell.[1]

Die Gleichungen (5), (6) und (7) folgen auch aus dem zentralen Theorem (4) unter der Bedingung einer konstanten Rate.
Ersetzt man F(t) in (4) durch das Integral von f(t) und löst
man die Integralgleichung nach f(t) auf, so erhält man die
Dichte (7). Dies läßt sich einfach nachprüfen, indem man (7)
und (6) in (4) einsetzt:

---

[1] Dies erlaubt eine interessante Interpretation: Wenn man
das Modell auf seltene Ereignisse wie Unfälle anwendet -
hier ist der einfache Poisson-Prozeß mitunter angemessen -
so ist die Wahrscheinlichkeit eines neuen Ereignisses am
größten gleich nach dem Eintreten des letzten Ereignisses. Es ist also geradezu zu erwarten, daß zwei oder auch
mehrere Unfälle gehäuft aufeinander folgen.

$$(8) \quad r = \frac{f(t)}{1-F(t)} = \frac{re^{-rt}}{e^{-rt}} = r$$

Berechnen wir jetzt noch den Mittelwert oder Erwartungswert der Ankunftszeit.

Bei einer beobachteten Häufigkeitsverteilung der Variablen X mit den relativen Häufigkeiten $f(x)$, berechnet sich der Mittelwert bekanntlich nach folgender Formel: $M=\Sigma x.f(x)$, wobei über sämtliche Beobachtungsklassen summiert wird. Bei einer theoretischen Verteilung mit stetiger Zufallsvariable T gehen wir analog vor; statt der Summierung müssen wir jetzt jedoch über alle Werte von t integrieren:

$$(9) \quad E(T) = \int_{0}^{\infty} t.f(t)\,dt$$

Die Lösung des Integrals ist glücklicherweise eine einfache und bedeutsame Beziehung:

$$(10) \quad E(T) = \frac{1}{r} \quad \text{oder:}$$

$$(11) \quad r = \frac{1}{E(T)}$$

Der Mittelwert von T, die <u>mittlere Lebenserwartung</u> im Zustand O, ist also einfach der reziproke Wert der Rate. Das klingt auch intuitiv einleuchtend: Je größer die Übergangsrate (gewissermaßen der "Abfluß" aus dem Zustand O), desto geringer die mittlere Verweildauer im Zustand O. Beträgt z.B. die Übergangsrate konstant O,OO5, so können wir erwarten, daß eine Person im Mittel 1/O,OO5 = 200 Tage arbeitslos sein wird, wenn die Zeit in Tagen gemessen wurde.

Das Modell mit konstanter Rate hat eine große Bedeutung als Basis-Zufallsmodell. Im Vergleich mit komplizierteren Modellen kann es als <u>Nullhypothese</u> dienen.

Die Gleichungen (5) bis (11) liefern ferner neue Interpretationen der Übergangsrate, <u>insbesondere aber weisen sie auf
Bindeglieder zwischen der Rate und den Beobachtungen</u> hin.
Auch wenn die Rate selbst als nicht direkt beobachtbarer ma-
thematischer Grenzwert intuitiv weniger verständlich sein mag
(obwohl wir uns auch an andere derartige Größen, wie z.B. die
momentane Geschwindigkeit in der Mechanik, gewöhnt haben) so
sind doch die beobachtbaren Konsequenzen anschaulich. Und von
daher erschließt sich auch die Rate indirekt einem genaueren
Verständnis.

## 2.2.3. <u>Zeitabhängige Raten</u>

Es ist zu vermuten, daß die Chance der Aufnahme einer Beschäftigung mit zunehmender Dauer der Arbeitslosigkeit geringer
wird. Die Übergangsrate dürfte nach 30 Tagen Arbeitslosigkeit
höher sein als nach 300 Tagen. Eine Ratenfunktion $r(t)$, bei
der die Übergangsrate als Funktion der Verweildauer spezifiziert
wird, bezeichnen wir - wie gesagt - als <u>Entwicklungshypothese</u>.

Die Gleichungen (5) bis (7) müssen jetzt modifiziert werden,
um auch im Fall zeitabhängiger Raten gültige Aussagen zu erlauben. Dazu ist es erforderlich, die <u>kumulierte Hazardfunk-
tion</u> zu definieren:

$$(12) \quad R(t) = \int_{o}^{t} r(\tau) \, d\tau$$

$R(t)$ ist also das Integral der Rate ($\tau$ ist hierbei nur eine
Hilfsvariable bei der Integration). Anschaulich gesprochen
bewirkt $R(t)$ die Aufsummierung oder Kumulierung der Rate über
alle Zeitpunkte bis zum Zeitpunkt $t$.

Im Falle zeitabhängiger Raten erhält man $G(t)$ einfach auf
folgende Weise: $rt$  in  Gleichung (5) wird durch die kumulierte Hazardfunktion $R(t)$ ersetzt (siehe Anhang 2). Somit ergibt sich für $G(t)$, $F(t)$ und $f(t)$:

$$(13) \quad G(t) = e^{-R(t)}$$

$$(14) \quad F(t) = 1-e^{-R(t)}$$

$$(15) \quad f(t) = r(t) \cdot e^{-R(t)}$$

Man sieht, daß aus (13), (14) und (15) auch die Gleichungen
(5) bis (7) folgen, denn es gilt ja bei konstanter Rate r:

$$(16) \quad R(t) = \int_{0}^{t} r \cdot d\tau = r \cdot t$$

Eine einfache Beziehung für die mittlere Verweildauer E(T)
läßt sich leider nicht allgemein, sondern nur bei wenigen
Spezialfällen ableiten.[1] Man erkennt anhand der Gleichungen
(13) bis (16), daß mit der Wahl der Übergangsrate auch F(t),
G(t) und f(t) eindeutig bestimmt sind. <u>Kennt man also die
Rate, dann kennt man auch den vollständigen Prozeßverlauf.</u>

Verschiedene Modelle, bei denen r(t) als Funktion der Zeit
dargestellt wird, werden wir in Kap.5 behandeln.

Wenn r(t) nicht konstant ist, erhält man gemäß (14) für F(t)
keine Exponentialverteilung. In diesem Fall haben wir es mit
Semi-Markov-Prozessen zu tun.

Aus Gleichung (13) resultiert eine weitere Deutung der Rate.
Dazu logarithmieren wir zunächst beide Seiten von (13):

$$(17) \quad \ln G(t) = -R(t)$$

---

[1] Es gilt ja: $E(T) = \int_{0}^{\infty} t \cdot f(t) dt = \int_{0}^{\infty} t \cdot r(t) e^{-R(t)} dt$. Dieser
Ausdruck ist in den meisten Fällen leider nicht explizit
auflösbar.

Unter Berücksichtigung von (12) liefert die Ableitung von (17):

$$(18) \quad r(t) = - \frac{d\ln G(t)}{dt}$$

Die Rate entspricht also dem negativen Wert der ersten Ableitung des natürlichen Logarithmus der Überlebensfunktion.

Die Definition der Übergangsrate und verschiedene Folgerungen hieraus (zur Ableitung siehe Anhang 2), die die Interpretation der Übergangsrate erleichtern, sind nochmals übersichtlich in Tabelle 2 aufgeführt.

<u>Tabelle 2:</u> Definition der Übergangsrate und einige Beziehungen

| | |
|---|---|
| Verbal: | Die Übergangsrate $r(t)$ charakterisiert die momentane Neigung einer Untersuchungseinheit zum Zustandswechsel. |
| Mathematische Definition | $r(t) = \lim\limits_{\Delta t \to 0} \dfrac{q(t, t+\Delta t)}{\Delta t}$ |
| Für "sehr kurze" Intervalle $\Delta t$ | $q(t, t+\Delta t) \cong r(t) \cdot \Delta t$ |
| Theorem 1 | $r(t) = \dfrac{f(t)}{1-F(t)} = \dfrac{f(t)}{G(t)}$ |
| Theorem 2 | $r(t) = - \dfrac{d\ln G(t)}{dt} = \dfrac{dR(t)}{dt}$ |
| Theorem 3 bei <u>konstanter</u> Rate | $r = \dfrac{1}{E(T)}$ |

## 2.2.4. Berücksichtigung von Heterogenität

Bei den bisherigen Modellen wurde unterstellt, daß alle Untersuchungseinheiten die gleiche Rate aufweisen. Im Falle
zeitabhängiger Raten muß man genauer sagen, daß für alle Personen mit identischer Verweildauer gleiche Raten angenommen
werden. Häufig erfordern wirklichkeitsnahe Modelle hingegen
die Berücksichtigung der Heterogenität der Untersuchungseinheiten. Nicht alle Personen haben die gleiche Unfallneigung,
nicht alle Personen haben die gleiche Chance, einen Job zu
bekommen etc. Zur Berücksichtigung von Heterogenität kann man
im Prinzip zwei Wege beschreiten:

- Der Heterogenität wird Rechnung getragen  durch die Formu-
  lierung einer Verteilungsannahme. Z.B. kann angenommen werden, daß die Rate r in der Population gammaverteilt ist
  (eine relativ allgemeine Verteilung).[1] Auf diesem Weg
  kommt man zu den klassischen Modellen der Unfallstatistik
  (Überblick bei CARR-HILL und PAYNE 1971).

- Die Heterogenität wird durch die Einführung von  Kovariaten  berücksichtigt. Im einfachsten Fall entspräche dem
  die separate Schätzung der Rate bei verschiedenen Gruppen,
  z.B. die Schätzung der Übergangsrate bei Arbeitsunfällen
  in zwei Fabriken. Der Unterschied zwischen den Übergangsraten kann dann als kausaler Einfluß der unabhängigen Variablen "Fabrik" gedeutet werden. Es existiert jedoch eine
  elegantere Methode, um die Effekte unabhängiger Variablen
  zu ermitteln. Ähnlich wie eine Regressionsgleichung wird
  dabei eine parametrische Funktion formuliert, die die Rate

---

[1] Die Gamma-Verteilung ist hier - im Unterschied etwa zur
Normalverteilung - deswegen sehr geeignet, weil sie für
positive Zufallsvariablen definiert ist. Die Rate r ist
ja stets positiv. Zweitens enthält sie eine Reihe wichtiger Verteilungen wie die  $\chi^2$-Verteilung, die Exponentialverteilung und die geometrische Verteilung als Spezialfälle. Siehe zu diesen Modellen z.B. das Lehrbuch
von CHIANG 1968, Kap.III.

in Abhängigkeit von dichotomen oder auch metrischen unabhängigen Variablen darstellt. Dieser Weg wurde von COLEMAN
(1981) und TUMA (1979) beschritten. Eine derartige Raten-
Funktion mit unabhängigen Variablen bezeichnen wir - wie
gesagt - als <u>Kausalhypothese</u>.

Um den Einfluß von unabhängigen Variablen auf die Rate graphisch zu veranschaulichen, vereinbaren wir eine Symbolik,
die aus Abbildung 7 hervorgeht.

<u>Abbildung 7:</u> Zwei-Zustands-Modell mit Kovariaten

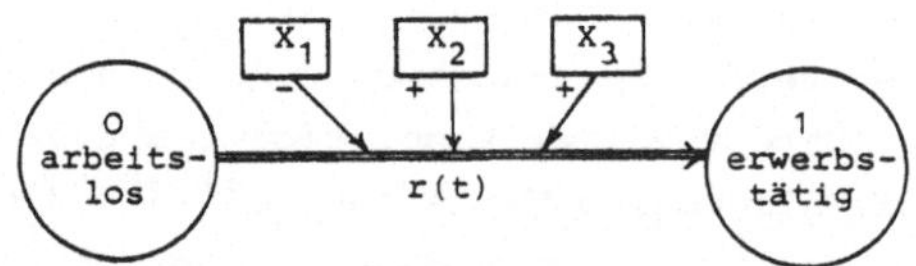


⟹ = Übergang zwischen den Zuständen ("Abfluß")

→ = Effekte von unabhängigen Variablen (Kovariate) auf
die Rate

+/- = Erwartetes Vorzeichen des Effekts auf die Rate

○ = Ausprägung der Zustandsvariablen

□ = Unabhängige Variable (z.B. $X_1$=Geschlecht mit Codierung O=männlich, 1=weiblich, $X_2$=Qualifikationsni-
veau, $X_3$=Berufserfahrung).

Gemäß der Graphik werden die Hypothesen aufgestellt, daß
Frauen eine geringere Chance haben, eine Beschäftigung zu
finden, und daß sowohl das Ausmaß der Qualifikation als auch
der Grad der Berufserfahrung die Rate positiv beeinflussen.
Ob die Hypothesen zutreffen und wie stark die Effekte sind,
muß die empirische Analyse zeigen.

## 2.3. Mehr-Zustands-Modelle

Zur Analyse von Mehr-Zustands-Modellen können die bisher ent-
wickelten Konzepte generalisiert werden. Greifen wir dazu erneut das Drogenbeispiel aus Abbildung 2d auf.

Personen, die sich im Zustand 0 befinden (keine Drogen), sind
zwei Risiken ausgesetzt: Sie können in den Zustand 1 wechseln
oder in den Zustand 2. Die Rate ist im ersten Fall $r_{01}$ und im
zweiten Fall $r_{02}$, bzw. bei zeitabhängigen Raten $r_{01}(t)$ und
$r_{02}(t)$. Das Risiko, daß überhaupt ein Ereignis - gleich welcher Art - auftritt, wird als Hazardrate oder Hazardfunktion
bezeichnet. Die Hazardrate im Zustand j charakterisiert das
momentane Risiko, daß eine Untersuchungseinheit den Zustand j
verlassen wird. Die formale Definition lautet:[1]

$$(19) \quad \text{Hazardrate für Zustand j} \qquad r_j(t) = \sum_{\substack{k=1 \\ k \neq j}}^{n} r_{jk}(t)$$

Hierbei ist n die Anzahl der Zustände. Die Hazardrate für Zustand j entspricht also der Summe der Raten aller von j aus
erreichbaren Zustände. Für das Drogenbeispiel ist $r_0(t) =$
$r_{01}(t) + r_{02}(t)$.

---

[1] Die bedingte Wahrscheinlichkeit $q_j(t, t+\Delta t)$, daß im Zustand j im Zeitintervall $[t, t+\Delta t]$ irgendein Ereignis auftritt,
ist die Summe der Übergangswahrscheinlichkeiten bezüglich
aller vom Zustand j erreichbaren Zielzustände k. Die
Hazardrate ist der Limes dieser bedingten Wahrscheinlich-
keiten dividiert durch $\Delta t$ für $\Delta t \to 0$ und somit die Summe der
Übergangsraten gemäß Ausdruck (19):

$$r_j(t) = \lim_{\Delta t \to 0} \frac{q_j(t, t+\Delta t)}{\Delta t} = \lim_{\Delta t \to 0} \sum_{\substack{k=1 \\ k \neq j}}^{n} \frac{q_{jk}(t, t+\Delta t)}{\Delta t}$$

Als Generalisierung von (12) definieren wir ferner die <u>kumu-
lierte Hazardfunktion</u> im Zustand j:

$$(20) \quad R_j(t) = \int_o^t r_j(\tau)d\tau$$

Die Überlebensfunktion G(t) und die Verteilung F(t) und f(t)
sind bei Mehr-Zustands-Modellen auf den jeweiligen Zustand j
zu beziehen. $G_j(t)$, $F_j(t)$ und $f_j(t)$ erhält man als Generali-
sierungen von (13), (14) und (15), wobei R(t) durch $R_j(t)$ gemäß (20),und r(t) durch $r_j(t)$ gemäß (19) zu ersetzen ist.

Die Raten und die Effekte der Kovariate auf die Raten können
bei Mehr-Zustands-Modellen anhand von Ereignisdaten geschätzt
werden. Im zweiten Schritt können mit mathematischen Hilfs-
mitteln die Zustandswahrscheinlichkeiten - im Beispiel $p_O(t)$,
$p_1(t)$ und $p_2(t)$ - abgeleitet werden. Von großem Interesse bei
der dynamischen Analyse von Modellen sind auch eventuell exi-
stierende Gleichgewichtszustände (dazu Kap.5) sowie die Effekte
der Kovariate auf das Niveau des Gleichgewichts.

Allerdings kann die mathematische Analyse der Dynamik von
Prozessen bei Mehr-Zustands-Modellen mit zeitabhängigen Raten und reversiblen Ereignissen recht kompliziert werden.[1]
Wir werden einige Beispiele noch in Kap.5 behandeln und lassen
es hier mit der knappen Skizzierung bewenden.

## 2.4. <u>Maximum-Likelihood-Schätzung der Übergangsrate</u>

Gemäß Ausdruck (11) ist die Übergangsrate (beim Modell mit
konstanter Rate) der reziproke Wert der mittleren Ankunftszeit.

---

[1] Untersuchungen von wichtigen Spezialfällen finden sich
z.B. bei COLEMAN 1981, CARROLL 1982 und TUMA, HANNAN
und GROENEVELD 1979.

Man könnte nun leicht auf die Idee kommen, die Rate anhand
der <u>beobachteten</u> mittleren Ankunftszeit   zu schätzen. Angenommen es liegen Daten über 6 Personen für einen Beobachtungszeitraum von zehn Monaten vor, wobei die Zeit bis zur Aufnahme
einer Beschäftigung ermittelt wurde (z.B. durch eine retro-
spektive Befragung). Zwei Personen waren auch nach zehn Monaten noch arbeitslos, für die übrigen Personen endete die Arbeitslosigkeit nach 2, 4, 6 und 8 Monaten. Wäre dann $\hat{r}=1/\bar{T}=$
$1/5=0,2$ (wobei $\bar{T}=5$ dem beobachteten Mittelwert der Ankunftszeiten entspricht) eine gute Schätzung der Rate?

Hier ist Vorsicht geboten, da ja die <u>zensierten</u> Fälle nicht
berücksichtigt wurden. Für zwei Personen, die auch nach zehn
Monaten arbeitslos waren,  ist die Ankunftszeit ja unbekannt.
Möglicherweise tritt ein Ereignis erst nach 13 oder 17 Monaten oder gar nicht auf. Die skizzierte Vorgehensweise liefert
nur dann einen guten, d.h. möglichst unverzerrten und effizienten Schätzwert der Rate, wenn keine zensierten Daten vorliegen. Typischerweise ist man jedoch bei soziologischen Anwendungen nahezu immer mit dem Problem zensierter Daten kon-
frontiert, wenn man die Ankunftszeiten erhebt.

Auch die Behandlung der zensierten Fälle als nicht-zensierte
Beobachtungen stellt keine Lösung dar. Man könnte leicht auf
die Idee kommen, einen korrigierten Mittelwert der beobachteten Ankunftszeiten aus den Werten 2,4,6,8 und 10,10 zu berechnen. Der hieraus resultierende Schätzwert der Rate von
0,15 ist jedoch ebenfalls noch eine Überschätzung der Rate
(HANNAN und TUMA 1979).

Mit der Maximum-Likelihood-Schätzmethode (ML-Methode) ist es
nun möglich, auch dann gute Schätzungen der Raten zu erzielen (und damit von $f(t)$, $F(t)$, $G(t)$ und $E(T)$), wenn der
Datensatz Zensierungen enthält.

Die ML-Methode arbeitet dabei nach folgendem Prinzip. Zunächst entscheiden wir uns für ein Modell, d.h. wir wählen einen bestimmten Zustandsraum und die entsprechenden Ratenfunktionen. Wir gehen dabei wieder vom Zwei-Zustands-Modell mit absorbierendem Zielzustand aus. Sodann stellen wir eine Funktion auf, nämlich die Likelihood-Funktion, die darüber Auskunft gibt, welche Plausibilität (Likelihood) unsere Beobachtungen (die Stichprobe von Ereignisdaten) bei bestimmten "wahren" Werten der Rate (der Modell-Parameter) in der Grundgesamtheit haben.[1] Wie plausibel ist es, z.B. die sechs Werte für die Dauer der Arbeitslosigkeit des obigen Beispiels zu erzielen, wenn der wahre Wert der Rate 0,1 oder 0,2 oder 0,3 beträgt? Natürlich kennen wir den wahren Wert der Rate nicht, aber wir wählen denjenigen als besten Schätzwert, bei dem die Plausibilität unserer Beobachtung maximal ist. Diese Entscheidungsregel ist das Maximum-Likelihood-Prinzip.

Die Likelihood, eine Verweildauer von 6 Monaten zu beobachten, ergibt sich aus der Dichtefunktion f(t). Bei der einen Beobachtung ist die Likelihood-Funktion genau f(6). Dabei müssen wir im Auge behalten, daß f(6) kein bestimmter Wert, sondern eine _Funktion_ von Parametern ist. Im Falle zeitunabhängiger Raten z.B. müßten wir demnach genauer f(6,r) schreiben. Um die Notation nicht zu kompliziert zu gestalten, verzichten wir jedoch auf die explizite Erwähnung der Parameter. Bei den vier _unabhängig_ voneinander erhobenen, nicht-zensierten Beobachtungen erhalten wir als Likelihood das Produkt:

(21) L = f(2).f(4).f(6).f(8)

---

[1] Bei Wahrscheinlichkeitsverteilungen mit diskreten Zufallsvariablen ist die Likelihood identisch mit der _Wahrscheinlichkeit_ der Beobachtungen bei gegebenen Parametern. Bei stetigen Zufallsvariablen handelt es sich jedoch nicht mehr um eine Wahrscheinlichkeit. Wir sprechen daher von "Plausibilität". Eine ausführliche Beschreibung der Maximum-Likelihood-Methode findet sich in dem Lehrbuch von NELSON (1982, Kap.8).

Allgemein ist die Likelihood bei $N_1$ nicht-zensierten beobachteten Ankunftszeiten $t_i$ das Produkt

$$(22) \quad L = f(t_1) \cdot f(t_2) \ldots f(N_1) = \prod_{i=1}^{N_1} f(t_i)$$

Nun verfügen wir aber auch noch über die zensierten Beobachtungen, die wir nicht vernachlässigen dürfen. Bei dem Beispiel waren zwei Personen nach 10 Monaten immer noch arbeitslos. Aus der Überlebensfunktion wissen wir, daß die Wahrscheinlichkeit hierfür $G(10)$ ist. Mit zensierten Daten kann die Likelihood-Funktion (21) bei unabhängigen Beobachtungen wie folgt erweitert werden:

$$(23) \quad L = f(2) \cdot f(4) \cdot f(6) \cdot f(8) \cdot G(10) \cdot G(10)$$

Oder allgemein bei $N_1$ nicht-zensierten und $N_2$ zensierten Beobachtungen:

$$(24) \quad L = \prod_{i=1}^{N_1} f(t_i) \cdot \prod_{i=1}^{N_2} G(t_i)$$

Gleichung (24) kann man etwas eleganter schreiben, wenn die Indikator-Variable d eingeführt wird, wobei d=1 angibt, daß eine nicht-zensierte Beobachtung vorliegt, und d=0 eine zensierte Beobachtung indiziert. Die Anzahl aller Beobachtungen bezeichnen wir mit N.

$$(25) \quad L_{[\text{Daten} \mid \text{Parameter}]} = \prod_{i=1}^{N} [f(t_i)]^{d_i} \cdot [G(t_i)]^{(1-d_i)}$$

$f(t)$ und $G(t)$ sind - wir wir wissen - Funktionen der Raten, also der Modell-Parameter, deren Werte wir schätzen wollen. Das haben wir in (25) symbolisch durch den Zusatz in eckiger Klammer zum Ausdruck gebracht, der als "Likelihood der Daten in Abhängigkeit der Werte der Parameter" zu lesen ist.

Bei dem Modell mit konstanter Rate r folgt unter Verwendung
von (5) und (7) aus (25):

$$(26) \quad L_{[\text{Daten}\,|\,\text{Parameter}]} = \prod_{i=1}^{N} [re^{-rt_i}]^{d_i} \cdot [e^{-rt_i}]^{(1-d_i)}$$

Das Maximum von L in Bezug auf r bei den gegebenen Daten $t_i, d_i$
liefert gemäß dem ML-Prinzip den Schätzwert $\hat{r}$. Wir suchen ja
den Wert von r, der L "maximal macht".

Bei dem Modell mit konstanter Rate erhalten wir als Endresul-
tat obiger Überlegungen eine einfache Formel für die Schätzung der Raten (siehe dazu Kapitel 5 und zur Ableitung Anhang
3). Bei komplizierten Ratenfunktionen mit Kovariaten und
Zeitabhängigkeit benötigt man zur Schätzung der Parameter
allerdings Computerprogramme.

Der Anwender ist dabei mit den komplizierten numerischen Berechnungen in keiner Weise belastet. Allerdings erscheint es
uns hilfreich zu sein, wenn ein Verständnis des Prinzips der
Methode erlangt wird.

Die Likelihood-Funktion (25) gilt für Zwei-Zustands-Modelle
mit irreversiblen Ereignissen. Die allgemeine Funktion für
Mehr-Zustands-Modelle und reversible Ereignisse findet sich
in TUMA 1979 sowie in dem Aufsatz von TUMA, HANNAN und GROENE-
VELD (1979).
Insbesondere bei größeren Stichproben bietet die ML-Methode
eine Reihe von Vorteilen:

- Zensierte Daten werden berücksichtigt. Damit wird ein starker Bias der geschätzten Parameter vermieden und der Informationsgehalt der Daten wird in vollem Umfang ausgeschöpft.

- Die Schätzwerte sind maximal effizient, d.h. die Varianz
  der Schätzwerte (sozusagen die Fehlerbreite) ist geringer
  als bei anderen Verfahren.

- Aus der Maximum-Likelihood-Theorie folgen Verfahren zur
  Prüfung der Parameter auf statistische Signifikanz. Somit
  sind inferenzstatistische  Tests der Parameter möglich.

# 3. Nicht-parametrische Verfahren

## 3.1. <u>Explorative Datenanalyse</u>

Jede statistische Datenauswertung beginnt zweckmäßigerweise
mit einer explorativen Phase, und zwar unabhängig davon, ob
die Daten aus einem geplanten Experiment stammen, oder ob es
sich bei der Auswertung um eine Sekundäranalyse, etwa von Ver-
waltungsstatistiken, handelt. Die einfachsten dieser Instru-
mente wie Linearauszählungen, Kreuztabellen, Korrelations- und
Assoziationsmaße, graphische Darstellungen usw. sind allgemein
bekannt und in gebräuchlichen Statistik-Softwarepaketen  wie
SPSS oder BMDP enthalten. Zu Weiterentwicklungen auf diesem
Gebiet sei insbesondere auf TUKEY (1977) verwiesen.


Die Zielsetzung dieser explorativen Techniken besteht darin,
die in den Daten enthaltene Information unter möglichst allgemeinen Modellannahmen (im Idealfall sogar ohne jede Modellannahme) zu komprimieren und diese komprimierte Information
in numerischer und/oder graphischer Form darzustellen. Die
Forderung nach einer weitgehenden Unabhängigkeit von Modellannahmen schließt Verteilungsannahmen und damit parametrische
Verfahren praktisch aus und legt die Anwendung nicht-parame-
trischer Verfahren nahe. Der Anwendungsbereich nicht-parame-
trischer Verfahren ist allerdings nicht auf die explorative
Analyse beschränkt. Wir werden solche Verfahren etwa beim
Test auf die Gleichheit von Überlebensfunktionen durchaus
auch im Rahmen der konfirmatorischen Statistik anwenden.

Die zentrale abhängige Variable - die Ankunftszeit oder Verweildauer - ist eine eindimensionale Zufallsvariable. Die
Verwendung von vertrauten deskriptiven Konzepten wie Linear-
auszählung (nach fest gewählten Zeitintervallen) und Histo-
gramm liegt also nahe. Dabei stößt man aber bald auf Schwie-

rigkeiten, da in der Regel einige der beobachteten Zeiten
nicht exakt, sondern zensiert sind, von diesen Fällen also
lediglich bekannt ist, daß die tatsächliche Ankunftszeit
größer ist als die beobachtete (zensierte) Zeit. Hier besteht
zwar die Möglichkeit, die Zeitskala so zu gruppieren, daß das
oberste (rechtsoffene) Zeitintervall bei der kleinsten zensierten Zeit beginnt, so daß alle größeren exakten wie zensierten Beobachtungen in diese Kategorie fallen. Bei ver-
gleichsweise kurzen zensierten Zeiten werden sich dann allerdings die meisten Beobachtungen in dieser Kategorie konzen-
trieren, und die Ankunftszeitverteilung wird wenig aussage-
kräftig sein.

Die folgenden beiden Abschnitte befassen sich mit nicht-parametrischen Schätzverfahren für gruppierte Zeitbereichs-Daten
bzw. Individualdaten mit exakter Ankunftszeit (Zeitpunkt-Daten, vgl. Abschnitt 1.3.2) und deren Realisierung in SPSS
(ab Level 8.0) und BMDP. Diese Verfahren liefern insbesondere
bei graphischer Unterstützung ein recht gutes Bild des untersuchten Prozesses. Graphische Auswertungstechniken werden zum
Teil schon hier, zum Teil auch in Kapitel 5 beschrieben. Im
letzten Abschnitt des vorliegenden Kapitels befassen wir uns
mit Testverfahren zum Vergleich der Überlebensfunktionen in
verschiedenen Gruppen.

Die Unterscheidung zwischen gruppierten Zeitbereichs-Daten
und Individualdaten mit exakter Zeitangabe bezieht sich dabei
auf die bei der Auswertung verwendete Datenstruktur, also
nicht notwendigerweise auf die Struktur der Originaldaten.
Bei gruppierten Zeitbereichs-Daten ist die Untersuchungseinheit eine Gruppe von Individuen (Personen, Ehen usw.), deren
Ankunftszeit in ein bestimmtes Zeitintervall fällt. Bei in-
dividuenbezogenen Zeitpunkt-Daten dagegen sind die Untersuchungseinheiten die Individuen selbst und die Ankunftszeiten
müssen exakt bekannt sein. Obwohl bei letzteren Daten der Informationsgehalt offensichtlich größer ist, kann es durchaus

zweckmäßig sein, sie vor der Auswertung zu gruppieren und so
vorzugehen, als würde es sich um gruppierte Zeitbereichs-Daten handeln. Grenzfälle wird man ebenfalls nach dem Gesichtspunkt der Zweckmäßigkeit zuordnen. Individual-Daten, bei denen
die Ankunftszeit nicht exakt (bei der Untersuchung von Ehescheidungen z.B. nur in Jahren) angegeben ist, können gruppiert werden. Sollen sie hingegen als Individual-Daten mit
"exakter" Zeitangabe, also als Zeitpunkt-Daten, ausgewertet
werden, wird man für jedes Jahresintervall einen charakte-
ristischen Zeitpunkt (für eine Ehescheidung im dritten Ehejahr, also nach mehr als zwei, aber weniger als drei Jahren
Ehe, z.B. den Wert 2,5) wählen.

## 3.2. Nicht-parametrische Schätzverfahren bei gruppierten Zeitbereichs-Daten: Life-Table-Schätzer

### 3.2.1. Berechnung der Werte einer Sterbetafel

Die in der englischsprachigen Literatur gebräuchlichen Namen
für diese Methode "Life-Table-Estimator" and "Actuarical
Method" weisen darauf hin, daß die hier dargestellten statistischen Techniken aus der Bevölkerungsstatistik stammen
und der Auswertung von "Life Tables" (Sterbetafeln) dienen.
Eine Sterbetafel ist eine Datenstruktur für Beobachtungen,
welche nach ihrer Lebenszeit gruppiert sind. Als anschauliches Beispiel mag das Altern einer "idealen Geburtenkohorte"
dienen, in der es weder Emigration noch Immigration gibt.
Bei einer einfachen nicht-parametrischen Darstellung dieses
Alterungsprozesses wird man die Zeit in feste Intervalle einteilen, welche nicht notwendigerweise gleich lang sein müssen. Um etwa ein genaueres Bild von der Säuglingssterblichkeit zu erhalten, wird man zweckmäßigerweise die ersten ein,
zwei Jahre in Tages-, Wochen- oder Monatsabschnitte einteilen,
später werden Jahresabschnitte oder noch längere Intervalle
genügen. In der Sterbetafel werden dann für jedes Intervall
ausgewiesen:

(1) die Anzahl der Kohortenmitglieder, welche den Beginn des
    betreffenden Intervalls erleben, und

(2) die Anzahl der Kohortenmitglieder, welche im betreffenden
    Intervall sterben.

Diese Werte werden in der Regel auf einen standardisierten
ursprünglichen Kohortenumfang (z.B. 1000 Personen) bezogen.

Zensierungsprobleme gibt es bei dieser idealen Kohorte nur
insofern, als bei der Erstellung der Sterbetafel einige Kohortenmitglieder noch am Leben sein können. Da die entsprechenden zensierten Zeiten aber gleichzeitig die längsten beobachteten Zeiten sind, fällt dieser Umstand kaum ins Gewicht.

Bei einer realen Kohorte ist die Situation anders:
Hier hat man es in der Regel mit unvollständigen Beobachtungen zu tun, beispielsweise dadurch, daß einige Fälle durch
Emigration verlorengehen. Werden - was normalerweise der Fall
ist - Sterbetafeln nicht aus Verlaufsdaten, sondern aus regelmäßig wiederholten Querschnittserhebungen oder der Zusam-
menführung von Geburts- und Sterbestatistiken erstellt, dann
kann es weitere Verzerrungen durch zusätzlich hinzukommende
Fälle, etwa durch Immigration, geben. Beim Altern von Ge-
burtskohorten mögen die dadurch entstehenden Ungenauigkeiten noch in einem vertretbaren Bereich liegen, bei der Untersuchung von Ehescheidungen in einer Heiratskohorte können
diese Fehler mit zunehmender Ehedauer aber beträchtlichen
Umfang annehmen (konkurrierendes Risiko: Eheauflösung durch
Tod eines Partners).

In vollständiger Form wird eine Sterbetafel also für jedes
Zeitintervall neben den oben genannten Daten auch die Anzahl
der Kohortenmitglieder, welche im betreffenden Intervall zensiert werden, enthalten müssen. Dabei ist es durchaus mög-

lich, daß die ursprünglichen Individualdaten exakte Zeitangaben beinhalten. Für die Life-Table-Methode wird auf die Information über den exakten Zeitpunkt verzichtet (und zwar zugunsten einer unten beschriebenen Verteilungsannahme). Benützt wird lediglich die Information, in welchem Zeitintervall das betreffende Ereignis (Tod oder Zensierung) stattfindet. Das Ergebnis wird demnach auch noch von der gewählten Einteilung in Zeitintervalle abhängen. Der Grenzfall bei immer feinerer Zeiteinteilung - die Product-Limit- oder Kaplan-Meier-Methode - benützt dann wieder die vollständige Information über die Ankunftszeiten. Dieser Methode ist Abschnitt 3.3. gewidmet.

Neben den Rohdaten (dem Input-Teil) enthält eine Sterbetafel auch nicht-beobachtbare,geschätzte Informationen zur Überlebensfunktion, Dichte der Sterbezeitenverteilung, Hazardrate, mittlere restliche Lebenszeit usw. Von mehreren Schätzverfahren für diese Funktionen und Verteilungen (siehe dazu etwa ELANDT-JOHNSON und JOHNSON  1980)  werden wir uns hier nur mit dem in BMDP und SPSS 8 realisierten Schätzer befassen. Er stützt sich auf die im Falle gruppierter Daten plausible (allerdings nicht überprüfbare) Annahme, daß in jedem Zeitintervall die zensierten Beobachtungen gleichverteilt sind.Diese Annahme ist um so unproblematischer, je kürzer die Intervalle sind. Ein zensierter Fall, z.B. ein unbekannt verzogener Arbeitsloser einer Arbeitslosenkohorte im Zeitintervall 60 bis 65 Tage nach Beginn der Arbeitslosigkeit, kann ja irgendwann in diesem Zeitintervall der Studie verloren gehen. Man nimmt bei Gleichverteilung also an, daß die zensierten Fälle im Durchschnitt bis zur Mitte des Intervalls in der Risikomenge (dazu weiter unten) enthalten sind.

Für die Rohdaten verwenden wir die folgende Notation:

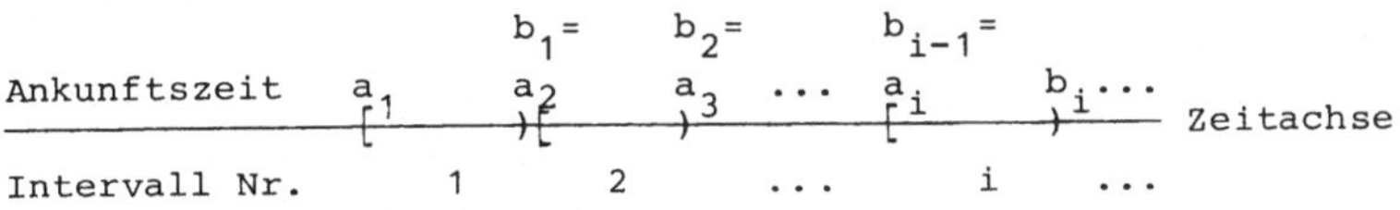

$$
\begin{array}{ccccccc}
 & & b_1= & b_2= & & b_{i-1}= & \\
\text{Ankunftszeit} & a_1 & a_2 & a_3 & \dots & a_i & b_i \dots \\
\hline
\text{Intervall Nr.} & & 1 & 2 & \dots & i & \dots
\end{array}
$$

Die Verwendung eckiger bzw. runder Klammern drückt aus, daß das "untere Ende" $a_i$ des Intervalls Nr.i zu diesem gehört, das "obere Ende" $b_i=a_{i+1}$ jedoch zum nächsten Intervall Nr.i+1 (um Zuordnungsprobleme für den Fall, daß beobachtete Zeiten gerade auf Intervallgrenzen liegen, zu vermeiden). Die weiteren Bezeichnungen lauten:

$n_i$ ... Anzahl von Individuen, welche den Zeitpunkt $a_i$ erleben,

$c_i$ ... Anzahl von Individuen, welche im Zeitintervall $[a_i, b_i)$ zensiert werden,

$d_i$ ... Anzahl von Individuen, welche im Zeitintervall $[a_i, b_i)$ sterben.

Da wir davon ausgehen können, daß jedes Individuum aus einer konkreten Stichprobe entweder während des Beobachtungszeitraums "stirbt" oder zensiert wird, gilt für $n_i$, $c_i$ und $d_i$ folgende Beziehung:

$$(27) \quad n_i = \sum_{j \geq i} (c_j + d_j)$$

$n_i$, die Zahl der Lebenden zum Zeitpunkt $a_i$, entspricht also der Summe aller Fälle, die nach dem Zeitpunkt $a_i$ ($j \geq i$) "sterben" oder zensiert werden.

Zu den durch die gewählten Zeitintervalle festgelegten Zeitpunkten $a_i$ läßt sich die Überlebensfunktion rekursiv bestimmen: Die Wahrscheinlichkeit $G_{i+1}$, den Beginn des (i+1)-ten
Intervalls zu erleben ist gleich der Wahrscheinlichkeit $G_i$,
den Beginn des vorhergehenden (i-ten) Zeitintervalls zu <u>er</u>-
leben mal der bedingten Wahrscheinlichkeit $p_i$, dieses Intervall zu <u>überleben</u>. Das Schätzproblem wird damit reduziert auf
das Problem, Schätzwerte $\hat{p}_i$ für die bedingten Überlebenswahrscheinlichkeiten ("conditional proportion of surviving") zu
finden  bzw. - komplementär dazu - für die bedingten Sterbe-
wahrscheinlichkeiten $\hat{q}_i$ ("conditional proportion of dying").
Ein naheliegender Schätzwert für $q_i$ ist die Anzahl der Sterbefälle im Zeitintervall Nr.i, dividiert durch die Anzahl von
Individuen, welche in diesem Intervall dem Sterberisiko ausgesetzt sind. Beim Vorliegen von zensierten Beobachtungen
ist der Umfang dieser <u>Risikomenge</u> allerdings nicht gleich $n_i$.
Gemäß der Annahme, daß zensierte Fälle im Durchschnitt nur
die halbe Zeit über dem Risiko ausgesetzt sind, ist von $n_i$
die Hälfte der zensierten Fälle abzuziehen. Wir erhalten somit die folgenden Formeln für unsere Schätzwerte (das Zeichen "^" über den entsprechenden Ausdrücken weist darauf
hin, daß es sich um Schätzwerte handelt):

<u>Anzahl der dem Risiko ausgesetzten Fälle</u> (Risikomenge, "number
exposed to risk")

$$(28) \quad n_i' = n_i - \frac{1}{2}c_i$$

<u>Bedingte Sterbewahrscheinlichkeit</u> ("conditional proportion of
dying")

$$(29) \quad \hat{q}_i = d_i / n_i'$$

<u>Bedingte Überlebenswahrscheinlichkeit</u> ("conditional proportion of surviving")

$$(30) \quad \hat{p}_i = 1-\hat{q}_i$$

<u>Überlebensfunktion, kumulierte Überlebenswahrscheinlichkeit</u> ("cumulative proportion of surviving")

$$(31) \quad \hat{G}_i = \hat{G}_{i-1} \cdot \hat{p}_{i-1} = \prod_{j=1}^{i-1} \hat{p}_j$$

$\hat{G}_i$ ist die geschätzte Wahrscheinlichkeit, den <u>Beginn</u> des Intervalls Nr.i zu erleben. Aus der Identität

$$(32) \quad G_i-G_{i-1} = \int_{a_i}^{b_i} f(t)dt \cong f(t_{mi}) \cdot h_i$$

wobei $t_{mi}=(a_i+b_i)/2$ der Mittelpunkt des Intervalls Nr.i ist, läßt sich für die Dichtefunktion der folgende Schätzer herleiten:

$$(33) \quad \hat{f}_i=\hat{f}(t_{mi})=\frac{\hat{G}_i-\hat{G}_{i+1}}{h_i}=\frac{\hat{G}_i-\hat{G}_i\hat{p}_i}{h_i}=\frac{\hat{G}_i(1-\hat{p}_i)}{h_i}=\frac{\hat{G}_i\cdot\hat{q}_i}{h_i}$$

<u>Hazardfunktion.</u> Diese für die Interpretation des untersuchten Prozesses zentrale Funktion läßt sich - wieder für den Intervallmittelpunkt $t_{mi}$ - aus der Identität $r(t)=f(t)/G(t)$ und der Näherung $G(t_{mi}) \cong (G_i+G_{i+1})/2$ (unter Berücksichtigung von (31) und (33) herleiten.[1]

$$(34) \quad \hat{r}_i=\hat{r}(t_{mi})=\frac{2\hat{f}(t_{mi})}{\hat{G}_i+\hat{G}_{i+1}} = \frac{2\hat{q}_i}{h_i(\hat{p}_i+1)}$$

---

[1] Um Mißverständnisse zu vermeiden, sei darauf hingewiesen, daß $r_i$ die Hazardrate oder Übergangsrate für das Intervall i bezeichnet. Der Index i bezieht sich auf das Intervall, nicht auf den Zustand. Gemäß unserer Vereinbarung in Kap.2 sind die Zustände nicht indiziert, da die einfache Sterbetafel ja einem Zwei-Zustands-Modell mit absorbierendem Zielzustand entspricht.

Standardfehler von $\hat{G}_i$, $\hat{f}_i$, $\hat{r}_i$. Zu diesen Schätzwerten werden in SPSS und BMDP Standardfehler berechnet. Der Vollständigkeit halber geben wir hier die entsprechenden Formeln ohne Ableitung an:

$$(35) \quad \text{Var}\,(\hat{G}_i) \cong \hat{G}_i^{\,2} \sum_{j=1}^{i-1} \frac{\hat{q}_j}{n_j' \cdot \hat{p}_j}$$

$$(36) \quad \text{Var}\,(\hat{f}_i) \cong \hat{f}_i^{\,2} \left\{ \sum_{j=1}^{i-1} \frac{\hat{q}_j}{n_j' \cdot \hat{p}_j} + \frac{\hat{p}_i}{n_i' \cdot \hat{q}_i} \right\}$$

$$(37) \quad \text{Var}\,(\hat{r}_i) \cong \hat{r}_i^{\,2} \frac{1-(h_i \hat{r}_i/2)}{n_i' \hat{q}_i}$$

Diese Formeln gelten allerdings nur näherungsweise ("Greenwood-Formel", siehe GROSS und CLARK 1975 oder ELANDT-JOHNSON und JOHNSON 1980). Als Warnung sei vermerkt, daß dadurch die tatsächliche Varianz beträchtlich unterschätzt werden kann, wenn der Anteil zensierter Beobachtungen groß ist. Es empfiehlt sich daher, bei der Auswertung das "Zeitpattern" von zensierten und exakten Beobachtungen im Auge zu behalten. In BMDP wird diese Vorgangsweise graphisch unterstützt.

Die hier angegebenen, in BMDP und SPSS realisierten Schätzer, mögen recht heuristisch erscheinen. Tatsächlich lassen sie sich unter allgemeinen Voraussetzungen als Maximum-Likelihood-Schätzer (ML-Schätzer) herleiten und damit wahrscheinlichkeitstheoretisch rechtfertigen. Unter der Annahme, daß die  exakten Beobachtungen (also die Sterbefälle) in jedem Zeitintervall exponentialverteilt und die zensierten Beobachtungen (wie oben angenommen) gleichverteilt sind, ergeben sich $\hat{p}_i$ und $\hat{q}_i$ als ML-Schätzer (siehe ELANDT-JOHNSON und JOHNSON 1980).

Auch Formel (34) zur Schätzung der Hazardrate $r_i$ ist unter bestimmten Bedingungen ein ML-Schätzer. Unter der Modellannahme einer stufenförmigen Hazardfunktion mit konstantem Wert $r_i$ im Intervall $I_i = [a_i, b_i)$ läßt sich für $r_i$ der folgende ML-Schätzer ableiten (KALBFLEISCH und PRENTICE 1980).

$$(38) \quad \hat{r}_i = \frac{d_i}{n_{i+1} h_i + \sum_{t_{ij} \varepsilon I_i} (t_{ij} - a_i)}$$

wobei sich die Summation im Nenner über alle exakten und zensierten Zeiten im Intervall $I_i$ erstreckt. Sind diese genauen Zeitpunkte etwa im Falle gruppierter Daten nicht bekannt, und wird dieses Informationsdefizit durch die Annahme von im Intervall $I_i$ gleichverteilten Zeiten $t_{ij}$ ersetzt (oder, äquivalent, daß alle Zeiten auf den Intervallmittelpunkt fallen), dann gilt:

$$(39) \quad \sum_{t_{ij} \varepsilon I_i} (t_{ij} - a_i) = (d_i + c_i) h_i / 2$$

und damit:

$$(40) \quad \hat{r}_i = \frac{d_i}{h_i (n_{i+1} + \frac{d_i + c_i}{2})} = \frac{d_i}{h_i (n_i - \frac{d_i + c_i}{2})} = \frac{d_i}{h_i (n_i' - \frac{d_i}{2})} =$$

$$= \frac{d_i / n_i'}{h_i (1 - \frac{d_i}{2n_i'})} = \frac{2\hat{q}_i}{h_i (2 - \hat{q}_i)} = \frac{2\hat{q}_i}{h_i (1 + \hat{p}_i)}$$

was gerade wieder der oben angegebene Life-Table-Schätzer ist. Für die Überlebensfunktion und die Dichte der Ankunftszeitenverteilung ergeben sich hier aber andere Ausdrücke (siehe KALBFLEISCH und PRENTICE 1980).

Ein einfaches Berechnungsbeispiel mag die Vorgangsweise veranschaulichen. Wir gehen von folgenden beobachteten Zeiten
(in Tagen) aus, wobei ein "+" hinter einer Zahl andeutet, daß
die entsprechende Beobachtung zensiert ist: 3,4,7+,10,13+,14,
19,21,21+,24. Bei einer Gruppierung in Wochen enthält die
folgende Tabelle Zwischen- und Endergebnisse der Berechnung
nach der Life Table-Methode:

| $[a_i,b_i)$ | $n_i$ | $d_i$ | $c_i$ | $n_i'$ | $\hat{q}_i$ | $\hat{p}_i$ | $\hat{G}_i$ | $\hat{f}_i$ | $\hat{r}_i$ |
|---|---|---|---|---|---|---|---|---|---|
| $[0,7)$ | 10 | 2 | 0 | 10 | 0,20 | 0,80 | 1,00 | 0,029 | 0,032 |
| $[7,14)$ | 8 | 1 | 2 | 7 | 0,14 | 0,86 | 0,80 | 0,016 | 0,022 |
| $[14,21)$ | 5 | 2 | 0 | 5 | 0,40 | 0,60 | 0,69 | 0,035 | 0,071 |
| $[21,28)$ | 3 | 2 | 1 | 2,5 | 0,80 | 0,20 | 0,41 | 0,047 | 0,190 |

Tabelle 3: Beispiel einer Sterbetafel

Dem Leser sei empfohlen, zur Übung einmal die Werte in der
Tabelle mit den Formeln (28) bis (34) nachzurechnen und die
geschätzten Varianzen mit den Formeln (35), (36) und (37) zu
ermitteln.


3.2.2. Programmbeispiele mit SPSS und BMDP


Der oben beschriebene Life-Table-Schätzer ist sowohl in BMDP
(DIXON et al.1981) als auch in SPSS 8 (Programmbeschreibung
in NIE und HULL 1978 sowie BEUTEL, KUEFFNER und SCHUBOE 1983)
verfügbar, wobei in beiden Fällen drei verschiedene Rohdaten-
strukturen verarbeitet werden können:

Life Table: Zu einer gewählten Zeitintervalleinteilung (in
BMDP beliebig, in SPSS mit Einschränkung beliebig - vorzugs-
weise konstante Intervallängen) werden die $c_i$ und $d_i$ angegeben
(bei BMDP optional auch $n_i$, was an sich überflüssig ist). In

SPSS ist diese Datenstruktur praktisch identisch mit einer gewichteten Version der Ankunftszeiten-Datenstruktur.

<u>Ankunftszeiten (survival time as input)</u>: Zu jedem Individualfall werden die Ankunftszeit  bzw. zensierte Zeit sowie eine Statusvariable angegeben, welche der Unterscheidung von exakten und zensierten Beobachtungen dient. In BMDP ist die Unterscheidung zwischen geplanter ("withdrawn",  etwa durch das Ende der Untersuchungsperiode) und ungeplanter Zensierung ("lost", etwa durch in der Versuchsplanung nicht vorgesehenes Ausscheiden einzelner Individuen vor dem Ende der Untersuchungsperiode) möglich, aber ohne Einfluß auf die Schätzwerte.

<u>Chronologische Zeit (time-on-study as input)</u>: Wie im Falle der Ankunftszeiten, aber statt der Angabe der Dauer erfolgt die Angabe von <u>Beginndatum</u> und <u>Enddatum</u>,  z.B. Heiratsdatum (Tag, Monat, Jahr) und Scheidungsdatum (Tag, Monat, Jahr).

Mit diesen Daten werden die oben angeführten Schätzwerte und deren approximative Standardfehler berechnet, außerdem der (interpolierte) Median der Lebenszeit, bei BMDP zusätzlich das erste und dritte Quartil sowie die dazugehörenden Standardfehler. Für die explorative Phase von großer Wichtigkeit sind die verfügbaren Plot-Optionen für die graphische Darstellung. Überlebensfunktion und deren Logarithmus, Hazardrate und Dichte der Lebenszeiten sind in beiden Programmpaketen verfügbar. Die in BMDP zusätzlich enthaltene kumulative Hazardfunktion ist bis auf das Vorzeichen mit der logarithmierten Überlebensfunktion identisch (siehe Formel (17) in Kap.2). Wie bereits erwähnt, werden in BMDP auch die zeitlichen Muster von exakten und zensierten Beobachtungen ausgedruckt und können so als Indikator für die Zuverlässigkeit der geschätzten Werte dienen.

Als konkretes Beispiel soll die Auswertung von Ladendiebstahlsdaten dienen. Die Zeitintervalle entsprechen hier (vollendeten) Altersjahren beim ersten Ladendiebstahl bzw. Zum Zeitpunkt der Befragung, wenn kein Diebstahl begangen wurde (zensiertes Datum). Jede (logische) Lochkarte des Dateninputs enthält bei BMDP die Information über ein solches Alters- Zeitintervall: Beginnzeitpunkt (der Endzeitpunkt wird durch den Beginn des darauffolgenden Intervalls definiert), $c_i$ und $d_i$. Die zusätzliche Angabe der $n_i$ ist möglich, hier aber redundant. Bei SPSS sind für jedes Intervall bis zu zwei Lochkarten anzugeben. Sofern es im Intervall exakte Beobachtungen gibt, eine Lochkarte mit Intervallmittelpunkt, Status "exakt" und $d_i$. Falls es zensierte Beobachtungen gibt, eine zweite Lochkarte ebenfalls mit Intervallmittelpunkt, Status "zensiert" und $c_i$. Die Intervalllänge wird bei SPSS im Programm festgelegt.

<u>Runbeispiel BMDP (Programm P1L)</u>

```
/PROBLEM     TITLE IS 'ANWENDUNGSBEISPIEL LADENDIEBSTAHL'.
/INPUT       VARIABLES ARE 3.
             FORMAT IS '(3F5.0)'.
/VARIABLE    NAMES ARE AGE,DEAD,WD.
/FORM        INTERVAL IS AGE.
             NDEAD IS DEAD.
             NWITH IS WD.
/ESTIMATE    METHOD IS LIFE.
             PLOTS ARE SURV,LOG,HAZ,DEN.
/END
   4.    1.    0.
   5.    2.    0.
   6.    6.    0.           Daten
   .     .     .
   .     .     .
   .     .     .
```

Diskutieren wir zunächst das Rechenbeispiel mit dem BMDP-Programm.
Die gewählte Methode geht aus dem Programmaufruf P1L ("Life
Tables and Survival Functions") und aus der Anweisung METHOD
IS LIFE  hervor. Für jedes Zeitintervall werden die Werte der
drei Variablen AGE,DEAD und WD eingelesen, wobei AGE dem Intervallbeginn, DEAD der Anzahl der Gestorbenen (=Individuen,
welche in diesem Alter zum ersten Mal einen Ladendiebstahl
begehen), WD der Anzahl der Zensierten (=Individuen, welche
noch keinen Ladendiebstahl begangen haben und zum Zeitpunkt
der Befragung dieses Alter hatten) entspricht. Die Überlebensfunktion und deren Logarithmus, die Hazardfunktion und die
Dichtefunktion des Alters beim ersten Ladendiebstahl sollen
vom Programm graphisch dargestellt werden. Dateninput: Die
erste Datenkarte z.B. besagt, daß in dem im Zeitpunkt 4.0 be-
ginnenden (und laut 2.Datenkarte im Zeitpunkt 5.0 endenden)
ersten Zeitintervall ein Todesfall (=Ladendiebstahl) und 0
Zensierungen beobachtet wurden. Für das gleiche Beispiel lautet das SPSS-Programm:

<u>Runbeispiel SPSS</u>

```
1                  16
RUN NAME           ANWENDUNGSBEISPIEL LADENDIEBSTAHL
INPUT MEDIUM       CARD
N OF CASES         UNKNOWN
VARIABLE LIST      AGE, STATE, WEIGHT
WEIGHT             WEIGHT
INPUT FORMAT       FIXED (F5.1,2F5.Ø)
SURVIVAL           TABLES=AGE/
                   INTERVALS=THRU 36 BY 1/
                   STATUS=STATE(1) FOR AGE/
                   PLOTS/
```

```
READ INPUT DATA
   4.5    1.    1.
   5.5    1.    2.
   6.5    1.    6.                    Daten
    .      .     .
    .      .     .
    .      .     .
FINISH
```

Die Verarbeitung erfolgt hier so, als würde es sich um gewichtete Individualdaten handeln (wobei die Variable WEIGHT das
Gewicht darstellt). Die dem "Control Word" SURVIVAL folgenden Informationen besagen, daß Life-Table-Funktionen für die
Variable AGE zu berechnen sind, wobei die Zeitskala bis zum
Zeitpunkt 36 in gleich lange Zeitintervalle der Länge 1 zu
unterteilen ist (die größte beobachtete Zeit entspricht einem
Alter von 35 Jahren, liegt also im Intervall [35,36)). Fälle
mit Statusvariable STATE=1 sind exakte Beobachtungen, alle
anderen Fälle sind zensiert. Alle verfügbaren graphischen
Darstellungen (Plots) sind anzufertigen. Im Datenteil wurde
jede Altersangabe einheitlich auf den entsprechenden Intervallmittelpunkt (4.5, 5.5 usw.) verlegt.

Da beide Programmpakete im wesentlichen dieselben Informationen liefern, beschränkt sich die im folgenden angeführte Er-
gebnisbesprechung auf SPSS-Resultate (Tabelle 4). Als Unterschied ist lediglich zu beachten, daß sich bei SPSS - im Gegensatz zu BMDP und den oben angeführten Formeln - die ("cumula-
tive proportion of surviving") nicht auf den Beginn, sondern
auf das Ende des betreffenden, also auf den Beginn des nach-
folgenden Intervalls beziehen. Numerisch sind die berechneten
Werte bis auf Rundungsfehler völlig identisch.

Bei der Auswertung der Ergebnisse sind vor allem die Plots
von Hazardfunktion und kumulativer Hazardfunktion bzw. loga-
rithmierter Überlebensfunktion von Nutzen, und zwar im Hin-
blick auf Entwicklungstheorien, welche ein vom Alter unab-

| $a_i$ | $n_i$ | $c_i$ | $n_i'$ | $d_i$ | $\hat{q}_i$ | $\hat{p}_i$ | $\hat{G}_i$ | $\hat{f}_i$ | $\hat{r}_i$ | | | |
|---|---|---|---|---|---|---|---|---|---|---|---|---|
| INTVL START TIME | NUMBER ENTRNG THIS INTVL | NUMBER WDRAWN DURING INTVL | NUMBER EXPOSD TO RISK | NUMBER OF TERMNL EVENTS | PROPN TERMI- NATING | PROBN SURVI- VING | CUMUL PROPN SURV AT END | PROBA- BILITY DENSTY | HAZARD RATE | SE OF CUMUL SURV- IVING | SE OF PROB- ABILITY DENS | SE OF HAZARD RATE |
| 3.0 | 235.0 | .0 | 235.0 | .0 | .0000 | 1.0000 | 1.0000 | .0000 | .0000 | .000 | .000 | .000 |
| 4.0 | 235.0 | .0 | 235.0 | 1.0 | .0043 | .9957 | .9957 | .0043 | .0043 | .004 | .004 | .004 |
| 5.0 | 234.0 | .0 | 234.0 | 2.0 | .0085 | .9915 | .9872 | .0085 | .0086 | .007 | .006 | .006 |
| 6.0 | 232.0 | .0 | 232.0 | 6.0 | .0259 | .9741 | .9617 | .0255 | .0262 | .013 | .010 | .011 |
| 7.0 | 226.0 | .0 | 226.0 | 7.0 | .0310 | .9690 | .9319 | .0298 | .0315 | .016 | .011 | .012 |
| 8.0 | 219.0 | .0 | 219.0 | 8.0 | .0365 | .9635 | .8979 | .0340 | .0372 | .020 | .012 | .013 |
| 9.0 | 211.0 | .0 | 211.0 | 6.0 | .0284 | .9716 | .8723 | .0255 | .0288 | .022 | .010 | .012 |
| 10.0 | 205.0 | .0 | 205.0 | 14.0 | .0683 | .9317 | .8128 | .0596 | .0707 | .025 | .015 | .019 |
| 11.0 | 191.0 | .0 | 191.0 | 8.0 | .0419 | .9581 | .7787 | .0340 | .0428 | .027 | .012 | .015 |
| 12.0 | 183.0 | .0 | 183.0 | 26.0 | .1421 | .8579 | .6681 | .1106 | .1529 | .031 | .020 | .030 |
| 13.0 | 157.0 | .0 | 157.0 | 19.0 | .1210 | .8790 | .5872 | .0809 | .1288 | .032 | .018 | .029 |
| 14.0 | 138.0 | .0 | 138.0 | 15.0 | .1087 | .8913 | .5234 | .0638 | .1149 | .033 | .016 | .030 |
| 15.0 | 123.0 | .0 | 123.0 | 9.0 | .0732 | .9268 | .4851 | .0383 | .0759 | .033 | .013 | .025 |
| 16.0 | 114.0 | 6.0 | 111.0 | 7.0 | .0631 | .9369 | .4545 | .0306 | .0651 | .033 | .011 | .025 |
| 17.0 | 101.0 | 7.0 | 97.5 | 4.0 | .0410 | .9590 | .4359 | .0186 | .0419 | .033 | .009 | .021 |
| 18.0 | 90.0 | 10.0 | 85.0 | 6.0 | .0706 | .9294 | .4051 | .0308 | .0732 | .033 | .012 | .030 |
| 19.0 | 74.0 | 6.0 | 71.0 | .0 | .0000 | 1.0000 | .4051 | .0000 | .0000 | .033 | .000 | .000 |
| 20.0 | 68.0 | 10.0 | 63.0 | 5.0 | .0794 | .9206 | .3729 | .0322 | .0826 | .033 | .014 | .037 |
| 21.0 | 53.0 | 8.0 | 49.0 | 3.0 | .0612 | .9388 | .3501 | .0228 | .0632 | .033 | .013 | .036 |
| 22.0 | 42.0 | 12.0 | 36.0 | .0 | .0000 | 1.0000 | .3501 | .0000 | .0000 | .033 | .000 | .000 |
| 23.0 | 30.0 | 4.0 | 28.0 | 2.0 | .0714 | .9286 | .3251 | .0250 | .0741 | .035 | .017 | .052 |
| 24.0 | 24.0 | 3.0 | 22.5 | 1.0 | .0444 | .9556 | .3107 | .0144 | .0455 | .037 | .014 | .045 |
| 25.0 | 20.0 | 4.0 | 18.0 | 3.0 | .1667 | .8333 | .2589 | .0518 | .1818 | .041 | .028 | .105 |
| 26.0 | 13.0 | 3.0 | 11.5 | .0 | .0000 | 1.0000 | .2589 | .0000 | .0000 | .041 | .000 | .000 |
| 27.0 | 10.0 | 1.0 | 9.5 | .0 | .0000 | 1.0000 | .2589 | .0000 | .0000 | .041 | .000 | .000 |
| 28.0 | 9.0 | 3.0 | 7.5 | .0 | .0000 | 1.0000 | .2589 | .0000 | .0000 | .041 | .000 | .000 |
| 29.0 | 6.0 | .0 | 6.0 | .0 | .0000 | 1.0000 | .2589 | .0000 | .0000 | .041 | .000 | .000 |
| 30.0 | 6.0 | .0 | 6.0 | 2.0 | .3333 | .6667 | .1726 | .0863 | .4000 | .057 | .052 | .277 |
| 31.0 | 4.0 | 2.0 | 3.0 | .0 | .0000 | 1.0000 | .1726 | .0000 | .0000 | .057 | .000 | .000 |
| 32.0 | 2.0 | 1.0 | 1.5 | .0 | .0000 | 1.0000 | .1726 | .0000 | .0000 | .057 | .000 | .000 |
| 33.0 | 1.0 | .0 | 1.0 | .0 | .0000 | 1.0000 | .1726 | .0000 | .0000 | .057 | .000 | .000 |
| 34.0 | 1.0 | .0 | 1.0 | .0 | .0000 | 1.0000 | .1726 | .0000 | .0000 | .057 | .000 | .000 |
| 35.0 | 1.0 | 1.0 | .5 | .0 | .0000 | 1.0000 | .1726 | .0000 | .0000 | .057 | .000 | .000 |

**Tabelle 4:** Ausdruck des SPSS-Programms "Survival"

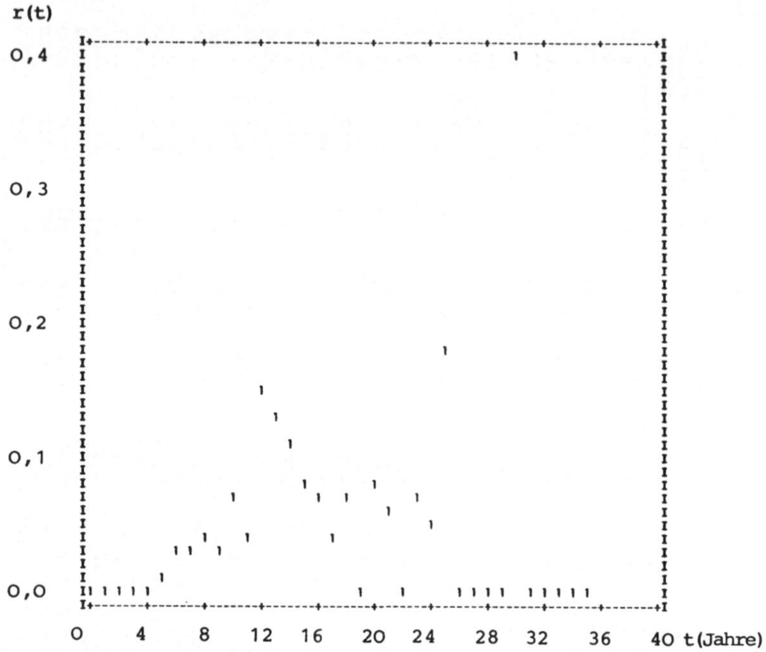



**Abbildung 8:**  Beispiel Ladendiebstahl, Hazardrate (SPSS)

hängiges, ein mit dem Alter steigendes ("positive aging")
oder fallendes ("negative aging") Risiko postulieren. Im
ersten Fall (r konstant) wäre ein linearer Verlauf der logarithmierten Überlebensfunktion (mit negativem Anstieg -r) zu
erwarten, bei positivem Altern ein nach unten, bei negativem
Altern ein nach oben gekrümmter Verlauf. Die aus den Ladendiebstahlsdaten geschätzten Ergebnisse legen ein zuerst bis
zu einem Höhepunkt bei 12 Jahren zunehmendes, dann abnehmendes Risiko nahe. Die hohen Werte der Hazardrate bei 25 bzw.
30 Jahren sollten unter Berücksichtigung der oben ausgespro-
chenen Warnung nicht überinterpretiert werden. Der Verlauf

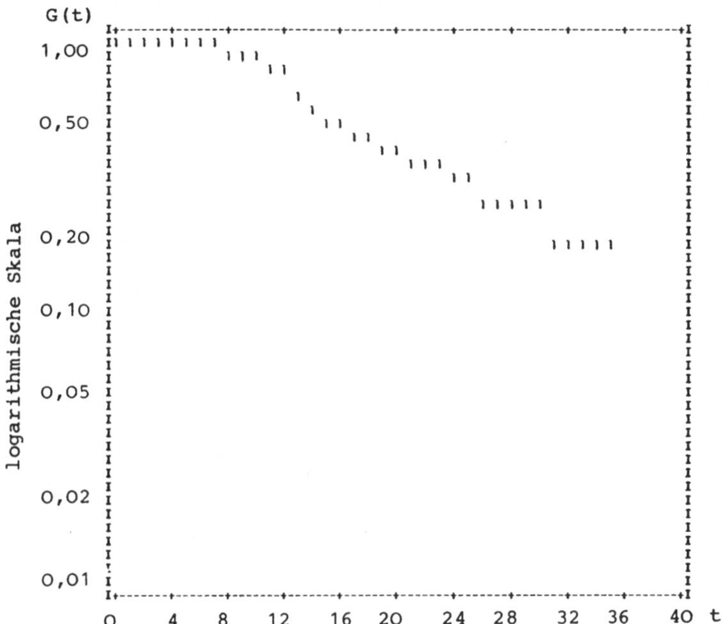

<u>Abbildung 9:</u>  Beispiel Ladendiebstahl, Logarithmus der Über-
lebensfunktion (SPSS)

der logarithmierten Überlebensfunktion erlaubt eine Untertei-
lung des Lebenszyklus in vier Phasen: ein allmählich einset-
zendes, dann relativ konstantes Risiko in der Kindheit (bis
zum Alter von etwa 10 Jahren), ein stark zunehmendes, dann
wieder abnehmendes Risiko in der Pubertät (etwa zwischen 10
und 15 Jahren), ein wiederum relativ konstantes Risiko in der
nachpubertären Entwicklung (bis etwa 20 Jahre) und ein recht
rasch auf 0 zurückgehendes Risiko danach.

Nicht vergessen werden sollte hier allerdings, daß diese Interpretation auf der Annahme einer <u>homogenen</u> Population beruht, und daß nicht beobachtete Heterogenitäten die Form der geschätzten Hazardfunktion maßgeblich beeinflussen. Wie man schnell einsieht, wird selbst eine für jedes Individuum konstante, aber individualspezifische Hazardrate zu einer abnehmenden geschätzten (Gruppen-) Hazardfunktion führen, da zuerst die Individuen mit hohem Risiko ausscheiden und mit zunehmendem Alter nurmehr die Individuen mit geringem Risiko übrigbleiben. Ohne zusätzliche Informationen ist die Unterscheidung zwischen Lebenszykluseffekten und Heterogenität auch gar nicht möglich. Im vorliegenden Fall ist durchaus anzunehmen, daß das Verlaufsmuster der Hazardfunktion von Sozialisations- und Entwicklungsbedingungen abhängt, also etwa bei Männern und Frauen unterschiedlich ist und auch zwischen sozialen Schichten variiert. Wir werden in Abschnitt 3.4. und in den folgenden Kapiteln darauf zurückkommen (zu einer soziologischen Anwendung der Life-Table-Methode siehe auch ANDRESS 1982b).

### 3.3. <u>Nicht-parametrische Schätzverfahren bei Individualdaten mit exakter Ankunftszeit: Product-Limit-Schätzer</u>

Die Life-Table-Methode kann auch bei der Auswertung von Individualdaten mit exakten Zeitangaben von Nutzen sein, und zwar besonders dann, wenn der Stichprobenumfang sehr groß ist. Bei der Einteilung der Zeitachse in Intervalle wird man sich in diesem Fall wohl an allgemein übliche Aggregate halten und etwa Tagesdaten in Wochen- oder Monatsintervalle gruppieren. Wie schon oben erwähnt, kann aber auch eine Einteilung in erst kürzere, dann längere Intervalle zweckmäßig sein. Unterschiedliche Intervalleinteilungen führen jedoch i.a. zu unterschiedlichen Schätzergebnissen, und die dadurch auftretenden Ungenauigkeiten können sehr stören. Der bei nicht zu großen Stichproben vorzuziehende Product-Limit-Schätzer umgeht diese Probleme. Im Falle großer Stichproben kann es allerdings bei der Benutzung von Computer-Programmen Schwierigkeiten mit der Rechenzeit und dem Speicherbedarf geben.

Die nach ihren Erfindern auch Kaplan-Meier-Schätzer (KAPLAN und MEIER 1958) genannte Product-Limit-Methode beruht auf der Idee, durch immer feinere Zeiteinteilungen (in immer kleinere Intervalle) schließlich zu einer Situation zu kommen, in der jedes Zeitintervall nur mehr höchstens eine beobachtete Zeit (aber möglicherweise mehrere Beobachtungen/Zensierungen zu dieser Zeit) enthält. Wenn die Intervalleinteilung derart gewählt wird, sind Life-Table- und Product-Limit-Schätzwerte tatsächlich auch identisch.

### 3.3.1. Product-Limit-Schätzformeln

Die Beobachtungen werden nach aufsteigenden Zeiten geordnet, wobei davon ausgegangen wird, daß nicht zu ein und demselben Zeitpunkt sowohl Todesfälle als auch Zensierungen auftreten (sollte das trotzdem der Fall sein, wird die Zensierung als "etwas später eintretend" betrachtet). Bei genügend feiner Zeiteinteilung befindet sich dann in jedem Intervall höchstens ein Beobachtungszeitpunkt, zu dem entweder nur Todesfälle oder nur Zensierungen auftreten. Damit entfällt die Notwendigkeit, wie im letzten Abschnitt die Risikomenge um einen Anteil der zensierten Fälle zu reduzieren. Für alle Intervalle, in denen Todesfälle auftreten, gilt dann:

$$(41)\quad \hat{q}_i = d_i/n_i \qquad\qquad (42)\quad \hat{p}_i = 1 - d_i/n_i$$

für alle anderen Intervalle:

$$(43)\quad \hat{q}_i = 0 \qquad\qquad\qquad \hat{p}_i = 1$$

- 78 -

und für die Überlebensfunktion:

$$(44) \quad \hat{G}(t) = \prod_{i \mid t_i < t} \hat{p}_i = \prod_{i \mid t_i < t} \left( \frac{n_i - d_i}{n_i} \right)$$

wobei hier wegen (43) das Produkt nur über jene Zeitpunkte gebildet werden muß, zu denen Todesfälle auftreten. Die Formel für die Varianz von $\hat{G}(t)$ wird asymptotisch[1] (KALBFLEISCH und PRENTICE 1980):

$$(45) \quad \text{Var}(\hat{G}(t)) = \hat{G}(t)^2 \left\{ \sum_{i \mid t_i < t} \frac{d_i}{n_i(n_i - d_i)} \right\}$$

Im Grenzübergang bei immer feinerer Zeiteinteilung - und darum geht es beim Product-Limit-Schätzer - fallen für die Intervalle, in denen Todesfälle auftreten, Intervallbeginn und Beobachtungszeitpunkt zusammen, und bis zum nächsten Zeitpunkt, in dem ein Todesfall auftritt, bleibt $\hat{G}(t)$ konstant. Die mit der Product-Limit-Methode geschätzte Überlebensfunktion ist also eine <u>Stufenfunktion mit Sprüngen zu jenen Zeitpunkten, zu denen ein Todesfall beobachtet wurde</u>. Falls die größte beobachtete Zeit zensiert ist, tritt dabei allerdings das Problem auf, daß die geschätzte Überlebensfunktion $\hat{G}(t)$ nicht gegen O strebt. In diesem Fall ist es üblich, $\hat{G}(t)$ für alle Zeitpunkte nach der größten beobachteten exakten Todeszeit als nicht definiert zu betrachten.

---

[1] "Asymptotisch" heißt hier und im folgenden - grob gesprochen - für "große" Stichproben. In der Praxis behandelt man die entsprechenden Formeln bzw. Teststatistiken so, als ob sie exakt gelten bzw. exakt mit der asymptotischen Verteilung (meist $\chi^2$- oder Normalverteilung) übereinstimmen würden. Bei kleinen Stichproben muß man dabei allerdings Ungenauigkeiten in Kauf nehmen.

Wegen der Diskontinuitäten der Überlebensfunktion ist es nicht sinnvoll, eine Hazardfunktion zu schätzen, wohl aber "Hazardkomponenten" $\hat{r}_i = d_i/n_i$ für die Sprungstellen, d.h. die Zeitpunkte, zu denen Todesfälle auftreten. Die kumulative Hazardrate $\hat{R}(t) = \sum_{i\,|\,t_i<t} \hat{r}_i$ und $-\ln \hat{G}(t)$ sind aber asymptotisch äquivalent mit einer (asymptotischen) Varianz (siehe KALB-FLEISCH und PRENTICE 1980).

$$(46)\quad \mathrm{Var}(\ln \hat{G}(t)) = \sum_{i\,|\,t_i<t} \frac{d_i}{n_i(n_i-d_i)}$$

Graphische Checks, wie am Ende des letzten Abschnitts beschrieben, sind natürlich ebenfalls möglich. Trotz der - modellimmanenten - Diskontinuitäten lassen sich $\hat{R}(t)$ und $- \ln \hat{G}(t)$ so wie früher interpretieren. Ein steiler Verlauf dieser Funktionen entspricht einer großen Neigung zum Wechsel, ein flacher Verlauf einer geringen Neigung.

Der Product-Limit-Schätzer hat einige recht angenehme statistische Eigenschaften. Er kann als Maximum-Likelihood-Schätzer hergeleitet werden und liefert unter relativ allgemeinen Bedingungen über den Zensierungsmechanismus asymptotisch normalverteilte Schätzer (siehe etwa KALBFLEISCH und PRENTICE 1980). Damit lassen sich Konfidenzintervalle für $\hat{G}(t)$ bestimmen (für ein festes t), etwa ein 95 %-Konfidenzintervall $\hat{G}(t)\pm 1,96 \sqrt{\mathrm{Var}\,(G(t))}$. Mit Hilfe der in BMDP ebenfalls berechneten Standardfehler $\sqrt{\mathrm{Var}\,(G(t_i))}$ können für die exakt beobachteten Zeitpunkte $t_i$ solche Konfidenzintervalle leicht berechnet werden.

Es kann natürlich vorkommen, daß ein derart berechnetes Konfidenzintervall negative Werte oder Werte >1 enthält. Da G(t) eine Wahrscheinlichkeit darstellt, ist ein solches Ergebnis nicht sinnvoll. Es läßt sich aber durch eine geschickte Transformation von $\hat{G}(t)$ vermeiden. Für den interessierten Leser führen  wir die entsprechenden Formeln hier an. Die log-minus-log Transformation von $\hat{G}(t)$

$$(47) \quad \hat{V}(t) = \log(-\log \hat{G}(t))$$

besitzt die asymptotische Varianz:

$$(48) \quad \hat{s}(t)^2 = \hat{G}(t)^2 \frac{\sum\limits_{i \mid t_i < t} \frac{d_i}{n_i(n_i-d_i)}}{\left[\sum\limits_{i \mid t_i < t} \log\left(\frac{n_i-d_i}{n_i}\right)\right]^2}$$

Nach Rücktransformation ergibt sich für $\hat{G}(t)$ das folgende 95 %-Konfidenzintervall:

$$(49) \quad \hat{G}(t)^{\exp(\pm 1,96 \hat{s}(t))}{}^{[1]}$$

Dieses nimmt nur zulässige Werte zwischen O und 1 an. Für die Bestimmung <u>simultaner</u> Konfidenzbänder für die gesamte Zeitachse (also nicht nur für einen festen Zeitpunkt t) sind allerdings recht komplizierte Berechnungen notwendig (siehe etwa HALL und WELLNER 1980). In BMDP sind entsprechende Routinen leider nicht implementiert.

Auch hier soll ein einfaches Beispiel mit den zehn Beobachtungen in Abschnitt 3.2.1. die Berechnungen veranschaulichen (vgl. dazu Tab.5).

---

[1] Statt der Schreibweise $e^x$ für die Exponentialfunktion verwenden wir häufig auch exp(x), um die Lesbarkeit der Formeln zu erleichtern.

Tabelle 5: Rechenbeispiel zur Product-Limit-Methode

| $t_i$ | Status[*)] | $n_i$ | $d_i$ | $\hat{q}_i$ | $\hat{p}_i$ | $\hat{G}(t_i)$ |
|---|---|---|---|---|---|---|
| 3 | 1 | 10 | 1 | 0,10 | 0,90 | 1,00 |
| 4 | 1 | 9 | 1 | 0,11 | 0,89 | 0,90 |
| 7 | 0 | | | | | |
| 10 | 1 | 7 | 1 | 0,14 | 0,86 | 0,80 |
| 13 | 0 | | | | | |
| 14 | 1 | 5 | 1 | 0,20 | 0,80 | 0,69 |
| 19 | 1 | 4 | 1 | 0,25 | 0,75 | 0,55 |
| 21 | 1 | 3 | 1 | 0,33 | 0,67 | 0,41 |
| 21 | 0 | | | | | |
| 24 | 1 | 1 | 1 | 1,00 | 0,00 | 0,27 |

*) 1=exakte, 0=zensierte Beobachtung

$$\text{z.B.} \quad \hat{G}(14) = \left(\frac{10-1}{10}\right)\left(\frac{9-1}{9}\right)\left(\frac{7-1}{7}\right) = 0,69$$

### 3.3.2. Programmbeispiel mit BMDP

Der Product-Limit-Schätzer ist in BMDP implementiert (in SPSS bis Level 8.0 nicht). Die Beobachtungen werden nach zunehmenden Zeiten geordnet und einzeln - Zeile für Zeile - mit dem dazu berechneten Schätzwert für $\hat{G}(t)$ und dessen Standardfehler ausgedruckt. Für große Stichproben empfiehlt es sich daher, diesen Teil des Ausdrucks zu unterdrücken (NO PRINT). Für die gesamte Stichprobe werden die mittlere Überlebenszeit sowie Median, erstes und drittes Quartil berechnet. Die graphische Darstellung von Überlebensfunktion und deren Logarithmus bzw. kumulierter Hazardrate kann angefordert werden, nicht jedoch - aus den oben angeführten Gründen - die Hazardfunktion und die Dichte der Ankunftszeit.

Als Anwendungsbeispiel betrachten wir die Auswertung von Individualdaten zur Dauer von Arbeitslosigkeit. Die Stichprobe
entspricht im vorliegenden Fall einer Kohorte, also einem
Sample von Erwerbstätigen, welche in einem bestimmten Zeitraum arbeitslos wurden. Das Ereignis "Tod" ist hier durchaus
erfreulich: es besagt, daß der Betreffende wieder beschäftigt
wird. Ein hoher Wert der Hazardrate (hohes "Todesrisiko")
entspricht also einer hohen Chance, wieder beschäftigt zu
werden. Zensierungen entstehen bei unseren Daten dadurch,
daß die Beobachtungsperiode zu einem festgesetzten Zeitpunkt
(zu dem einzelne Befragte noch arbeitslos sein können) endet.
Es sind aber auch andere Zensierungsursachen denkbar, z.B.
wenn die Beobachtung an eine regelmäßige Meldung beim Arbeitsamt gebunden ist, und der betreffende Arbeitssuchende
nach längerer erfolgloser Suche diese Meldung unterläßt. Das
letzte Beispiel weist auf Probleme hin, welche in diesem
Buch  zwar nicht behandelt werden, aber trotzdem nicht über-
sehen werden sollten: die Beziehungen zwischen dem untersuchten Prozeß und dem Zensierungsmechanismus. Es ist sicher
leicht einzusehen, daß ein Zensierungsschema, nach dem Individuen genau dann aus der Studie entfernt (also zensiert werden), wenn ihr Todesrisiko besonders groß (oder klein) ist,
zu verzerrten Schätzwerten führen muß. Streng genommen wäre
hier eine sorgfältige Modellierung der Wechselwirkungen zwischen untersuchtem Prozeß und Zensierungsmechanismus erforderlich, dafür sind in der Literatur allerdings kaum Vor-
schläge zu finden. Für uns sollte als Anhaltspunkt ausrei-
chend sein, daß etwa bei "random censoring"  derartige Probleme
nicht auftreten. Ein solches Zensierungsschema liegt beispielsweise dann vor, wenn für jedes Individuum a priori eine feste
Zensierungszeit gewählt wird, oder wenn Individuen über einen
bestimmten Zeitraum hinweg zufällig in die Studie aufgenommen
werden und die Beobachtung zu einem festgewählten Zeitpunkt
abbricht. Beide Arten sind für sozialwissenschaftliche Untersuchungen durchaus typisch.

Das Programm für unser Beispiel lautet:

<u>Runbeispiel BMDP (Programm P1L)</u>

```
/PROBLEM      TITLE IS 'ANWENDUNGSBEISPIEL ARBEITSLOSIGKEIT'.
/INPUT        VARIABLES ARE 7.
              FORMAT IS '(3F2.0,1x,3F2.0,1x,F1.0)'.
/VARIABLE     NAMES ARE ENTDAY,ENTMONTH,ENTYEAR,
                        TERDAY,TERMONTH,TERYEAR,STATE.
/FORM         ENTRY IS ENTMONTH,ENTDAY,ENTYEAR.
              TERMINATION IS TERMONTH,TERDAY,TERYEAR.
              STATUS IS STATE.
              RESPONSE IS 1.
/ESTIMATE     METHOD IS PRODUCT.
              NO PRINT.
              PLOTS ARE SURV,LOG.
/END
180279 220379 1
200279 010379 1
270279 310879 0                 Daten
   .      .    .
   .      .    .
   .      .    .
```

Neben den selbsterklärenden Anweisungen METHOD IS PRODUCT
und NO PRINT sind im Vergleich zum BMDP-Beispiel in 3.2.2.
die Anweisungen ENTRY IS ... und TERMINATION IS ... im FORM-
Paragraphen neu. Sie besagen, daß die Daten chronologische
Zeiten (Kalenderzeiten) darstellen, und zwar in der Form, daß
das Eintrittsdatum durch die Variablen ENTMONTH (Monat),
ENTDAY (Tag), ENTYEAR (Jahr) ausgedrückt wird, das Datum der
Beendigung der Arbeitslosigkeit bzw. Zensierung analog durch
TERMONTH, TERDAY und TERYEAR. Die Daten der 1. Lochkarte z.
B. gehören zu einem Arbeitslosen, der am 18.2.1979 arbeits-
los wurde und am 22.3.1979 wieder eine Beschäftigung gefun-
den hat.

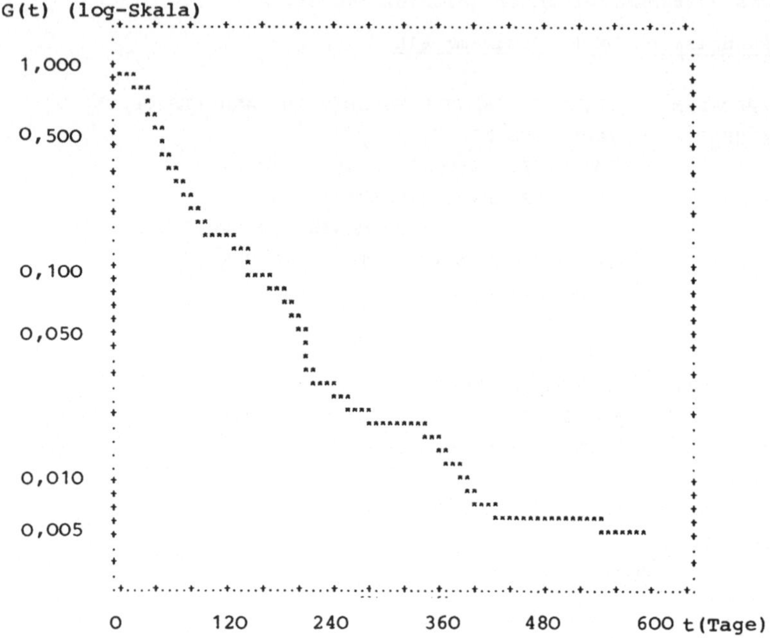

Abbildung 10: Beispiel Arbeitslosigkeit, logarithmierte Überlebensfunktion (BMDP)

Bei der Auswertung der Ergebnisse ist es zweckmäßig, die We-
senszüge des österreichischen Arbeitslosenversicherungsge-
setzes im Auge zu behalten. Ein Anspruch auf Arbeitslosengeld
besteht (bei Erfüllung weiterer Bedingungen) für einen Zeitraum, der je nach der Dauer der vorhergehenden versicherungs-
pflichtigen Beschäftigung 12, 20 oder 30 Wochen beträgt. Bei
Erschöpfung dieses Anspruchs kann für maximal weitere 26 Wochen eine Notstandshilfe gewährt werden, wobei aber weitere
Bedingungen erfüllt sein müssen. Der 20- und der 30-Wochen-
Termin sind im PLOT der logarithmierten Überlebensfunktion
deutlich ausgeprägt: Zu beiden Zeitpunkten gibt es einen

Sprung nach unten, was einem kurzfristig wirksamen, aber
deutlichen Anstieg der Übergangsrate (aus der Arbeitslosigkeit in ein Beschäftigungsverhältnis) entspricht. Die beiden anderen Termine sind nicht so deutlich ersichtlich. In
der Nähe des 12-Wochen-Termins hat die Log-Kurve einen
Knick, wobei sich die Übergangsrate (=Anstieg der Kurve) grob
geschätzt auf die Hälfte reduziert. Für das Ende der Gewäh-
rung einer Notstandshilfe kommen je nach der Arbeitslosen-
geld-Bezugsdauer sogar drei Termine in Frage. Auffallend ist
jedoch, daß nach 46=20+26 Wochen die Übergangsrate wieder relativ hoch ist, nachdem sie unmittelbar vorher praktisch auf
O zurückgegangen ist.


Natürlich können auch hier Verweildauereffekte durch Kovariateneinflüsse überlagert werden. Um diese Effekte zu tren-
nen bieten sich im wesentlichen zwei Vorgangsweisen an:

1) Untergliederung der gesamten Population nach geeigneten
   Kriterien in homogene Subgruppen; Schätzen der entsprechenden Funktionen in den einzelnen Gruppen und Vergleich
   der Ergebnisse (Hypothesentests, Nullhypothese: Subgruppen unterscheiden sich nicht z.B. in Bezug auf die Überlebensfunktion). Diese Vorgangsweise wird im folgenden
   Abschnitt erläutert.

2) Variation der Hazardrate in Abhängigkeit der Kovariate.
   Dieser Vorgangsweise entsprechen die in den nächsten
   beiden Kapiteln beschriebenen Regressionsmodelle.


Im ersten Fall genügen dafür zwar grundsätzlich doppelt (d.h.
nach der Zeit und nach der Untergruppe gruppierte Daten. In
der Regel wird man sich aber auch hier auf Individualdaten
stützen, welche neben der Ankunftszeit noch Informationen
über die den untersuchten Prozeß beeinflussenden Kovariaten
enthalten.

## 3.4. <u>Nicht-parametrische Verfahren für den Vergleich von Subgruppen</u>

Beim Vergleich von Subgruppen liegt es nahe, die oben beschriebenen Verfahren für jede Untergruppe durchzuführen. Sowohl SPSS als auch BMDP sehen diese Möglichkeit vor und erlauben insbesondere die simultane graphische Darstellung der Ergebnisse. Damit können gruppenspezifische Unterschiede im Verlauf von Überlebensfunktionen, Hazardrate usw. auf einen Blick erfaßt werden.

Wünschenswert ist darüber hinaus natürlich auch die Verfügbarkeit von Teststatistiken mit (zumindest asymptotisch) bekannter Verteilung, um bei einem gewählten Signifikanzniveau etwa analog zur Varianzanalyse oder zum $\chi^2$-Test die Nullhypothese identischer Überlebenswahrscheinlichkeiten testen zu können.

Die gebräuchlichen nicht-parametrischen Testverfahren benützen Rangordnungsstatistiken und sind im wesentlichen Modifikationen von Rangordnungstests für vollständige (d.h. nicht-zensierte) Daten. Dabei werden alle beobachteten Zeiten der Größe nach geordnet, die Verteilung der dadurch gewonnenen Ränge auf die einzelnen Untergruppen ist die in die Teststatistiken eingehende Information.

Im allgemeinen Fall zerfällt die Stichprobe in $k\,(k \geq 2)$ Subgruppen, wobei die Gruppe Nr.j $n_j$-Fälle umfaßt, bei einem Gesamtstichprobenumfang $n = n_1 + n_2 + \ldots + n_k$. In jeder Untergruppe werden die Beobachtungen der Größe nach geordnet.

Für den <u>verallgemeinerten Wilcoxon-Test</u> (Gehan-Breslow-Test) wird für jede beobachtete Zeit ein "score" $U_{ij}$ (für die Beobachtung Nr.i in der Gruppe Nr.j) ermittelt, welcher gleich der Anzahl aller mit Gewißheit <u>größeren</u> Überlebenszeiten ab-

züglich der Anzahl aller mit Gewißheit <u>kleineren</u> Überlebenszeiten ist. "Mit Gewißheit" soll dabei bedeuten, daß nur
zweifelsfrei entscheidbare Größenunterschiede zu berücksichtigen sind. Bei zwei zensierten Beobachtungen z.B. ist
die Feststellung, welche der beiden dazugehörenden Lebenszeiten größer ist, nicht möglich, ebenso bei einer zensierten und einer exakten Beobachtung, welche größer ist als die
zensierte.

Der Score-Wert einer Beobachtung kann also als ihre Ordnungs-
nummer (Rang) interpretiert werden, wobei kleine Zeiten einem
hohen Rang, große Zeiten einem niedrigen Rang entsprechen.
Wenn sich die Gruppen nicht unterscheiden, sollte die Verteilung der Ränge auf die verschiedenen Gruppen ungefähr
gleich sein.

Unter der Annahme identischer Überlebensverteilungen (Nullhypothese) sowie gleicher Zensierungsmuster in allen Gruppen
lassen sich Erwartungswert und Varianz der gruppenspezifischen Scoresummen berechnen, und die davon abgeleitete Teststatistik:

$$(50) \quad \frac{\sum\limits_{j=1}^{k} \left( \sum\limits_{i=1}^{n_j} U_{ij} \right)^2 / n_j}{\sum\limits_{j=1}^{k} \sum\limits_{i=1}^{n_j} U_{ij}^2 / (n-1)}$$

ist asymptotisch $\chi^2$-verteilt mit k-1 Freiheitsgraden. Dieser
Test ist sowohl in SPSS als auch in BMDP realisiert.

Im <u>verallgemeinerten Savage-Test</u> (Mantel-Cox-Test, Log-Rank-
Test) wird zu jedem Todeszeitpunkt die unter der Nullhypothese zu erwartende Verteilung der Todesfälle auf die k Subgruppen berechnet und der beobachten Verteilung gegenüber-
gestellt. Eine gewichtete Quadratsumme der Differenzen beob-
achtete-erwartete Verteilung dient als Teststatistik.

Wir bezeichnen mit $n_i$ und $d_i$ die Anzahl der einen Todeszeitpunkt $t_i$ erlebenden bzw. zu diesem Zeitpunkt sterbenden Individuen in der ganzen Stichprobe sowie mit $n_{ij}$ und $d_{ij}$ die
entsprechenden Anzahlen in der Subgruppe Nr.j. Wenn die Überlebensfunktionen in allen Subgruppen identisch sind (Nullhypothese), dann werden sich die Todesfälle im Mittel proportional zur Anzahl der dem Risiko ausgesetzten Individuen $n_{ij}$
auf die Subgruppen aufteilen. Der Erwartungswert von $d_{ij}$ ist
daher

$$(51) \quad w_{ij} = \frac{n_{ij}}{n_i} \cdot d_i$$

Unter der Nullhypothese hat also die Differenz beobachtete-
erwartete Todesfallhäufigkeiten

$$(52) \quad v_i = (d_{i1} - w_{i1}, \ldots, d_{ik} - w_{ik})$$

den Erwartungswert O. Unter Benützung der hier nicht angeführten Varianz-Kovarianz-Matrix $V_i$ von $v_i$ läßt sich die
Teststatistik

$$(53) \quad (\sum_i v_i)' \ (\sum_i v_i)^{-1} \ (\sum_i v_i)$$

bilden, welche asymptotisch $\chi^2$-verteilt ist. Da bei Summation
über die Gruppen die Anzahl der beobachteten gleich der Anzahl der erwarteten Todesfallhäufigkeiten ist, ist die Zahl
der Freiheitsgrade (k-1) um eins kleiner als die Zahl der
Gruppen. Für nähere Details verweisen wir auf die weiterführende Literatur, etwa KALBFLEISCH und PRENTICE (1980) oder
LAWLESS (1982).

Die beiden hier vorgestellten Teststatistiken sind also
asymptotisch $\chi^2$-verteilt mit k-1 Freiheitsgraden (wobei k die

Anzahl der Subgruppen ist). TARONE und WARE (1977) zeigen, daß sich beide Tests nur in der Gewichtung der Beobachtungen unterscheiden, konkret: daß sich auch die Gehan-Breslow-Teststatistik als Summe von Differenzen beobachtete minus erwartete Häufigkeiten darstellen läßt, allerdings mit der Anzahl $n_i$ der einen Todeszeitpunkt $t_i$ erlebenden Individuen gewichtet. Statt der oben angegebenen Differenzen $v_i$ werden also die gewichteten Differenzen

$$(54) \quad n_i v_i = (n_i(d_{ij}-w_{ij}),\ldots,n_i(d_{ik}-w_{ik})$$

und deren Varianz-Kovarianz-Matrix in der Teststatistik verwendet. Da für kleine beobachtete Zeiten $t_i$ das zugehörige $n_i$ relativ groß ist verglichen mit großen beobachteten Zeiten $t_i$, bedeutet das, <u>daß der verallgemeinerte Wilcoxon-Test eher sensitiv auf Unterschiede zu Beginn des Prozesses reagiert, der Log-Rank-Test eher auf Unterschiede gegen das Ende des Prozesses.</u> Falls die Hazardfunktionen in verschiedenen Untergruppen proportional sind, besitzt der Log-Rank-Test asymptotisch sogar volle Effizienz. Die Eigenschaften der beiden Tests sind in Tabelle 6 zusammengefaßt.

Wenn sich gruppenspezifische Überlebensfunktionen schneiden, können beide Tests zu irreführenden Ergebnissen führen. Bei der Interpretation der Testergebnisse sollte daher der Verlauf der geschätzten gruppenspezifischen Überlebensfunktionen mitberücksichtigt werden.

Die Annahme identischer Zensierungsmuster bedarf noch einer kritischen Würdigung. Sie wird insbesondere dann nicht zutreffend sein, wenn das Auftreten ungeplanter Zensierungen (lost cases) mit dem Subgruppenkriterium korreliert. Wenn etwa in einem klinischen Versuch mit Kontrollgruppe und Ver-

---

| Verallgemeinerter Wilcoxon-Test | Verallgemeinerter Savage-Test |
|---|---|

---

Synonyme Bezeichnungen

Gehan-Breslow-Test

Mantel-Cox-Test

Log-Rank-Test

eher sensitiv bei folgenden Alternativhypothesen

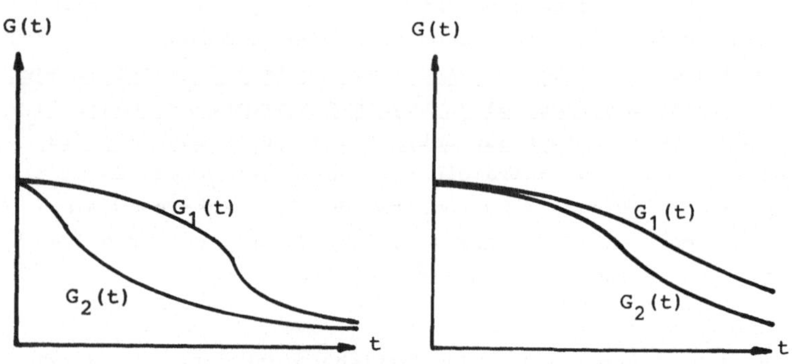


Software-Realisierung

BMDP
SPSS

BMDP

---

**Tabelle 6:** Nicht-parametrische Tests für Subgruppenvergleich

suchsgruppen, welche sich durch Behandlungsintensität unterscheiden, infolge unangenehmer oder schmerzhafter Behandlung
in unterschiedlichem Umfang Ausfälle aus dem Untersuchungs-
programm auftreten, ist eine Korrelation zwischen Subgruppe
und Zensierungen gegeben. Wenn es ferner bei bestimmten Gruppen von Arbeitslosen häufiger vorkommt, daß infolge Entmuti-
gung eine weitere Meldung am Arbeitsamt unterbleibt, wird
die obige Annahme ebenfalls nicht gerechtfertigt sein. Eine
Nachprüfung ist dabei nicht immer leicht möglich, aber als
Test hat sich der folgende "Trick" bewährt: Durch ein gegen-
seitiges Vertauschen der Statusausprägungen "exakt" und "zensiert" können mit denselben Verfahren die Ankunftszeitenver-
teilungen der zensierten Zeiten in jeder Gruppe geschätzt
werden. Wenn sich diese nicht sehr unterscheiden, wird man
die Annahme konstanter Zensierungsmuster getrost akzeptie-
ren. Bei nur wenigen zensierten Fällen gibt es ohnedies kaum
Probleme.

Als Anwendungsbeispiel greifen wir noch einmal auf unsere
Ladendiebstahldaten zurück, wobei die an sich gruppierten
Ankunftszeiten als individuelle Beobachtungen jeweils zur
Altersjahresmitte interpretiert werden. In diesem Fall behandeln wir also die Ladendiebstahlsdaten als individuenbe-
zogene Zeitpunkt-Daten. Wie schon erwähnt, lassen unterschiedliche Entwicklungs- und Sozialisationsbedingungen
einen unterschiedlichen Verlauf bei Männern und Frauen erwarten.

Runbeispiel BMDP (Programm P1L)

```
/PROBLEM     TITLE IS 'ANWENDUNGSBEISPIEL LADENDIEBSTAHL'.
/INPUT       VARIABLES ARE 3.
             FORMAT IS '(F4.1,2F3.0)'.
/VARIABLE    NAMES ARE AGE,STATE,SEX.
             TIME IS AGE.
             STATUS IS STATE.
             RESPONSE IS 1.
/ESTIMATE    METHOD IS PRODUCT.
             GROUP IS SEX.
             PLOTS ARE SURV,LOG.
             STATISTICS ARE BRESLOW,MANTEL.
/GROUP       CODES (3)ARE 0,1.
             NAMES (3) ARE FRAUEN,MAENNER.
/END
  4.5   1   0
  5.5   1   1              Daten
   .    .   .
   .    .   .
   .    .   .
```

Im Vergleich zu den bisherigen Runstreams ist neu hinzuge-
kommen:

1) Im ESTIMATE-Paragraph
   a) die Anweisung GROUP IS SEX, mit der die subgruppende-
      finierende Variable (SEX) vereinbart wird
   b) die Anweisung STATISTICS ARE BRESLOW,MANTEL, mit der
      beide in BMDP verfügbaren Tests angefordert werden

2) Ein GROUP-Paragraph, in dem die Subgruppen-definierenden
   Merkmale (Codes 0 bzw. 1) sowie dafür verwendete Bezeichnungen (FRAUEN,MAENNER) festgelegt werden. Die Anfangs-
   buchstaben dieser Namen werden in den angeforderten Plots
   verwendet.

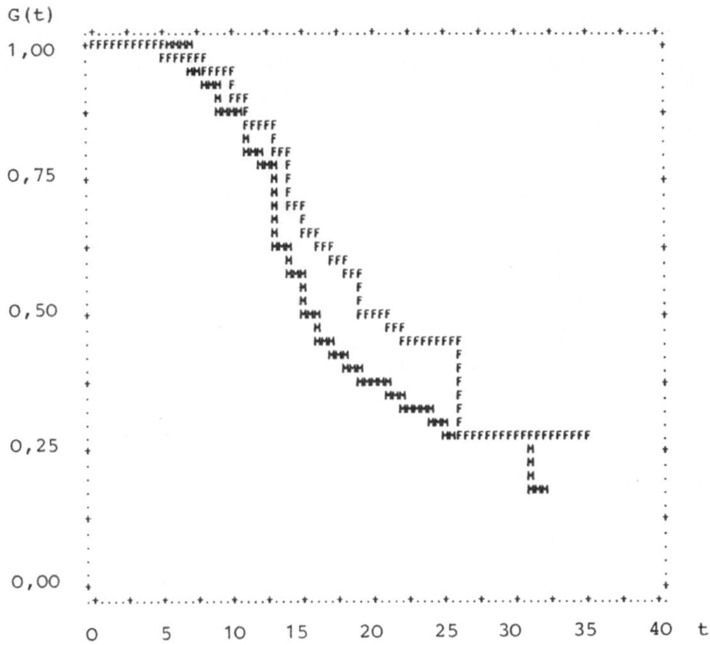

<u>Abbildung 11:</u> Beispiel Ladendiebstahl, geschlechtsspezifische
Überlebensfunktionen (BMDP)

Die Programmexekution liefert für jede der beiden Subgruppen
die üblichen Berechnungen, die Graphiken werden simultan aus-
gegeben. Der Vergleich der Überlebensfunktionen zeigt, daß -
von einer Ausnahme am Anfang abgesehen - die Überlebenswahrscheinlichkeiten bei den Frauen durchwegs größer sind als bei
den Männern, daß also Frauen im allgemeinen älter sind als
Männer, wenn sie zum ersten Mal einen Ladendiebstahl begehen.
Da sich die Überlebensfunktionen in zunehmendem Alter wieder
annähern, ist zu erwarten, daß der Gehan-Breslow-Test stärker
anspricht als der Log-Rank-Test. Für die angeforderten Tests
werden die Werte der entsprechenden Teststatistiken und die

zugehörigen Irrtumswahrscheinlichkeiten sowie die Zahl der
Freiheitsgrade ausgedruckt. Bei einem Signifikanzniveau von
95 % z.B. würde der Gehan-Breslow-Test zu einer Ablehnung der
Nullhypothese identischer Überlebensfunktionen führen.

| Test | Statistik | d.f.[1] | p-Wert[2] |
|---|---|---|---|
| verallg.Wilcoxon | 4,67 | 1 | 0,031 |
| verallg.Savage | 3,72 | 1 | 0,054 |

[1] Anzahl der Freiheitsgrade = Anzahl der Gruppen -1

[2] Restwahrscheinlichkeit der $\chi^2$-Verteilung (d.f.=1) zum Wert
der Teststatistik

**Tabelle 7:** Ladendiebstahlsstudie, Testergebnisse beim Vergleich Männer/Frauen

## 4. Semi-parametrische Verfahren

Im Unterschied zum vorhergehenden Kapitel ist Heterogenität
auch als kontinuierliche Variation entlang einer oder mehre-
rer Kovariatendimensionen (Alter, sozioökonomischer Status,
Einkommen ...) vorstellbar und - in Abhängigkeit davon - eine
kontinuierliche Variation etwa der Hazardfunktion, so daß
idealtypisch jeder Kovariatenkonfiguration eine spezifische
Hazardfunktion entspricht. Um zu geeigneten Verfahren zu
kommen, ist es allerdings unumgänglich, die Beziehungen zwischen Kovariaten und dem untersuchten Prozeß zu operationa-
lisieren.

Dazu gibt es im wesentlichen zwei verschiedene Entwicklungs-
linien: Der erste, in diesem Buch nicht weiter verfolgte Ansatz, spezifiziert Beziehungen zwischen den Kovariaten und
der Ankunftszeit (oder transformierten Werten davon) und leitet daraus Regressionsmodelle für unvollständige Beobachtungen ab (siehe etwa MILLER 1976). Der zweite Ansatz spezifiziert Beziehungen zwischen den Kovariaten und der Hazardfunktion. Diese Beziehung kann vollständig (siehe Kapitel 5) oder
teilweise parametrisiert sein.

Der semi-parametrische Ansatz beruht auf der Modellannahme
eines allgemeinen, nicht weiter spezifizierten (also nicht-
parametrischen) Verlaufsmusters der Hazardfunktion, welche
durch Kovariateneinfluß individuell modifiziert wird. Die
Effekte der Kovariate werden demnach in parametrischer Weise
modelliert.

Der Vorteil der semi-parametrischen Verfahren ist in der
großen Flexibilität des Ansatzes zu sehen. Sehr häufig richtet sich ja das Hauptinteresse auf das Ziel, die Stärke kausal bedeutsamer Effekte zu ermitteln. Mit den semi-parametrischen Verfahren ist es möglich, das Gewicht von qualitativen

oder quantitativen Kovariaten zu schätzen, ohne wie bei den
parametrischen Verfahren a priori Annahmen über die genaue
mathematische Funktion der Verweildauerabhängigkeit zu treffen.

## 4.1. Das Proportional-Hazards-Modell von COX

Im Proportional-Hazards-Modell von COX wird angenommen, daß
der Einfluß der Kovariate multiplikativ und log-linear ist,
d.h., daß bei gegebenen Kovariaten $x=(x_1,\ldots,x_n)$ die individual-spezifische Hazardfunktion $r(t,x)$ folgende Gestalt hat:

$$(55) \quad r(t,x)=r_O(t) \cdot e^{\beta'x}=r_O(t)e^{\beta_1 x_1 + \ldots + \beta_n x_n},$$

wobei die "Baseline-Hazard-Function" $r_O(t)$ - der Index "O"
steht hier für Baseline - das nicht-parametrisierte Verlaufsmuster der Hazardrate darstellt und $\beta'=(\beta_1,\ldots,\beta_n)$ der
Parametervektor der Kovariateneinflüsse ist. Die Bezeich-
nung "proportional hazard" erinnert an die Eigenschaft, daß
der Quotient zweier individual-spezifischer Hazardraten eine
nur von den beiden Kovariatenkonfigurationen, nicht aber der
Zeit abhängige Konstante ist, daß also alle individual-spezifischen Hazardfunktionen zueinander proportional sind. Die
Baseline-Funktion läßt sich damit als Hazardfunktion zu den
Kovariatenausprägungen $x_1=O, x_2=O, \ldots, x_n=O$ interpretieren,
wie man anhand von Gleichung (55) erkennt. Dieser Modellierung liegt der Wunsch zugrunde, Kovariateneinflüsse $\beta_1,\ldots,\beta_n$
schätzen (und testen) zu können, ohne weitere Annahmen über
das Verlaufsmuster von $r_O(t)$ treffen zu müssen. Die untersuchte Population muß also in bezug auf das Verlaufsmuster
der Baseline-Hazardfunktion homogen sein. Eine Lockerung dieser Homogenitätsannahme - subgruppenspezifische Baseline-Hazardfunktionen bei subgruppenunabhängigem Kovariateneinfluß -
werden wir später beim geschichteten Cox-Modell untersuchen.

Die beiden verbleibenden Annahmen (multiplikativer und log-
linearer Kovariateneinfluß) stellen noch zwei bedeutsame Mo-
dellrestriktionen dar. Gemeinsam besagen sie, daß sich das
Risiko eines Zustandswechsels unabhängig vom Zeitpunkt bei
Veränderung eines Kovariatenwerts um einen festen Prozentsatz erhöht bzw. erniedrigt. In einem konkreten Regressions-
beispiel kann das etwa bedeuten,

- daß sich die Chance eines Arbeitslosen, wiederbeschäftigt
  zu werden, mit jedem zusätzlichem Altersjahr um einen festen Prozentsatz ändert (in diesem Fall vermutlich verringert)
- daß sich diese Chance mit jedem zusätzlichen Ausbildungs-
  jahr um einen festen Prozentsatz ändert (in diesem Fall
  vermutlich erhöht)
- daß sich das Scheidungsrisiko mit jedem zusätzlichen Kind
  um einen festen Prozentsatz ändert (vermutlich verringert)
- daß sich das Scheidungsrisiko mit jeder zusätzlichen DM
  Haushaltseinkommen um einen festen Prozentsatz ändert,

und zwar unabhängig von der Dauer der Arbeitslosigkeit bzw.
Ehe. "Chance" oder "Risiko" steht hier synonym für die Hazardrate, also (näherungsweise) die Wahrscheinlichkeit, daß im
nächsten Augenblick ein Zustandswechsel eintritt unter der Bedingung, daß bis zu diesem Zeitpunkt kein Wechsel stattgefunden hat.

Einschränkend ist das Cox-Modell also nur in der Lage, für
eine bestimmte Art des Kovariateneinflusses Richtung und
Größe dieses Einflusses zu bestimmen. Nicht zielführend ist
das Modell insbesondere dann, wenn dieser Einfluß nicht einigermaßen monoton ist. Ist das tatsächliche Scheidungsrisiko
etwa bei Ehen mit sehr wenigen und sehr vielen Kindern rela-

tiv gering, bei einer mittleren Kinderzahl aber relativ groß,
dann wird das Cox-Modell kaum angemessen sein. In einer empirischen Untersuchung sollte daher bereits zu Beginn die Plausibilität dieser Annahme geprüft werden. Dafür werden wir
später im Rahmen des geschichteten Modells, welches ja eine
Modifikation für den Fall der Verletzung der Proportionalitätsannahme darstellt, einen graphischen Test kennenlernen.


Die Log-linearität des Einflusses hat die angenehme Eigenschaft, daß die individual-spezifische Hazardfunktion nicht
negativ werden kann (was bei einer linearen Modellierung
nicht ausgeschlossen ist). Sie erfordert allerdings zumindest ein Intervallskalenniveau der Kovariaten mit mehr als
zwei Ausprägungen. Die Aufnahme von qualitativen Kovariaten
ist dann möglich und sinnvoll, wenn es sich um dichotome
Variablen handelt. In diesem Fall ist es zweckmäßig, eine
der beiden Ausprägungen als Basiskategorie zu wählen und mit
O zu codieren und die andere als Vergleichskategorie mit 1
zu codieren. Wird z.B. die Variable Geschlecht mit O=männlich,
1=weiblich codiert, dann entspricht die Baseline-Hazardfunktion wegen $r(t,O)=r_O(t).e^{\beta_1 O}=r_O(t).e^O=r_O(t)$ genau der Hazardrate für Männer, während das "Risiko" (die Hazardrate) für
Frauen wegen $r(t,1)/r(t,O)=r_O(t).e^{\beta_1 1}/r_O(t)=e^{\beta_1}=\alpha_1$ um 100 mal
$(1-e^{\beta_1})$ Prozent größer (bei negativem Vorzeichen kleiner) ist
als für Männer. Bei kleinen Werten für $\beta_1$ (bis etwa $\beta_1=O,1$)
ist diese Prozentzahl nicht sehr verschieden von $100.\beta_1$, man
kann sich dann die obige Umrechnung ersparen. Wenn im folgenden von den ß-Parametern im Exponenten die Rede ist, so
sprechen wir auch von ß-Effekten. Die "Multiplikatoren"
$\alpha_i=e^{\beta_i}$ bezeichnen wir dagegen als α-Effekte. Allgemein informieren die α-Effekte darüber, daß bei einer Veränderung
der unabhängigen Variable $x_i$ um eine Einheit $\Delta x_i=1$ sich die
Rate um $100(1-\alpha_i)$ Prozent verändert. Ein $\alpha_i$-Wert kleiner als
eins, z.B. O,86 besagt also, daß der Effekt negativ ist und

die Rate bei einer Erhöhung von $x_i$ um eine Einheit unter Konstanz der übrigen Variablen um 14 % sinken wird. $\alpha_i$-Werte größer als eins signalisieren dagegen positive Effekte auf die Rate (zu einer ausführlichen Interpretation der Effekte siehe auch die Zusammenstellung in Abschnitt 5.1.1 ).

Wenn eine qualitative Variable mehr als 2 Ausprägungen hat, bleibt nichts anderes übrig, als wieder eine Basiskategorie zu wählen, für jede der anderen (Vergleichs-) Kategorien aber eine künstliche "Dummy-Variable" einzuführen, welche genau dann den Wert 1 erhält, wenn das betreffende Individuum in diese Kategorie fällt. Andernfalls wird der Wert Null zugeschrieben. Hat die Variable "Sozialrechtliche Stellung" etwa die Ausprägungen Arbeiter, Angestellter und Selbständiger, und wählen wir "Arbeiter" als Basiskategorie, dann sind zwei "Dummy-Variable" $x_{Ang.}$ und $x_s$ einzuführen, wobei ein Arbeiter die Dummy-Werte (O,O), ein Angestellter (1,O) und ein Selbständiger (O,1) erhält. Die geschätzten ß-Werte können aber wie oben relativ zur Basiskategorie interpretiert werden: $\beta_{Ang}$ bestimmt das Risiko eines Angestellten relativ zum Arbeiter und $\beta_S$ das Risiko eines Selbständigen wiederum relativ zum Arbeiterrisiko.

Die Aufnahme von qualitativen Variablen mit vielen Ausprägungen bringt eine Reihe von technischen Problemen mit sich. Die Konstruktion der Dummy-Variablen erfordert nicht nur  einen mit der Anzahl der Kategorien steigenden Recodierungsaufwand, sondern senkt auch die Zahl der Freiheitsgrade. Aus einer Berufssystematik mit 2000 Berufen 1999 Dummy-Variablen konstruieren zu wollen, ist wohl kaum zielführend. Durch eine gleichzeitige Aufblähung der Parameterzahl wird die Auswertung der geschätzten Ergebnisse schwieriger und ihre Aussagekraft geringer.Auch die Proportionalitätsannahme, die dem Modell zu-

grundeliegt, wird, wenn schon nicht weniger plausibel, so,
doch schwieriger nachzuprüfen sein. Sofern mit dem Untersu-
chungsziel vereinbar, ist eine weitgehende Aggregation der
qualitativen Merkmale zu empfehlen.

## 4.2. Die Partial-Likelihood-Methode von COX

Dieser Methode zur Schätzung der ß-Parameter liegt ursprünglich folgende Idee zugrunde: Wenn zu einem bestimmten Zeitpunkt t ein Todesfall in der Risikomenge M(t) (das sind alle
Individuen, welche zum Zeitpunkt t noch dem Risiko ausgesetzt
sind) eintritt, dann ist die bedingte Wahrscheinlichkeit, daß
dieser Todesfall gerade ein bestimmtes Individuum i$\epsilon$M(t)
trifft, gerade

$$(56) \quad \frac{r(t,x(i))}{\sum\limits_{j\epsilon M(t)} r(t,x(j))} \; = \; e^{\beta'x(i)} / \sum\limits_{j\epsilon M(t)} e^{\beta'x(j)}$$

wobei x(i) die Kovariatenausprägungen des Individuums i enthält. Durch die Proportionalitätseigenschaft kann bei der
obigen Quotientenbildung die nicht-spezifizierte Baseline-
Funktion $r_0(t)$ gekürzt werden. COX' Idee (COX 1972, 1975)
bestand darin, analog zur Maximum-Likelihood-Methode das Produkt dieser bedingten Wahrscheinlichkeiten über alle Todes-
zeitpunkte $t_1,...,t_k$ zu bilden und dieses Produkt

$$(57) \quad L(\beta) = \prod\limits_{i=1}^{k} e^{\beta'x(i)} / (\sum\limits_{j\epsilon M(t_i)} e^{\beta'x(j)})$$

welches er ursprünglich "Conditional Likelihood" nannte, wie
eine Likelihoodfunktion zu behandeln (im Falle von Bindungen,
also mehreren Todesfällen zu einem Zeitpunkt, ist L(ß) zu modifizieren). Obwohl sich diese Begründung als nicht richtig
herausgestellt hat, konnte später gezeigt werden, daß L(ß)

ein Teil der (vollen) Likelihoodfunktion aller Beobachtungen ist - daher die jetzt gebräuchliche Bezeichnung "Partial Likelihood"- und daß sich die aus der Maximierung von $L(\beta)$ ergebenden Schätzer vergleichbare asymptotische Eigenschaften wie Maximum-Likelihood-Schätzer haben, also asymptotisch normalverteilt sind mit einer Varianz-Kovarianz-Matrix, welche durch die negative Inverse der Matrix der zweiten Ableitungen von $\ln L(\beta)$ konsistent geschätzt werden kann. Damit können nicht nur die Parameter, sondern auch deren (asymptotische) Standardfehler berechnet und Signifikanztests durchgeführt werden. Für nähere Details verweisen wir auf die weiterführende Literatur (KALBFLEISCH und PRENTICE 1980).

Die Maximierung nur eines Teils der vollen Likelihoodfunktion bedingt natürlich einen gewissen Effizienzverlust (d.h. der Standardfehler der Schätzwerte wächst), welcher aber in praktisch relevanten Fällen nicht sehr groß ist. Da die partielle Likelihood trotzdem noch eine verhältnismäßig komplizierte Gestalt hat (insbesondere nicht-linear ist), benötigt man zur Berechnung der Schätzwerte iterative Lösungsverfahren, welche eine von Hand- oder Taschenrechnerberechnung selbst bei einfachsten Modellen praktisch ausschließen. Für die an die Bestimmung der $\beta_i$ anschließende Schätzung der Baseline-Hazardfunktion gibt es mehrere Möglichkeiten, welche in der Regel Modifikationen von nicht-parametrischen Schätzern sind (d.h. die Kovariateneinflüsse werden berücksichtigt). Für den Fall, daß alle geschätzten $\beta$-Koeffizienten Null sind, ist z.B. der in BMDP verwendete Schätzer mit der Product-Limit-Methode identisch.

Die Berücksichtigung von zeitabhängigen Kovariaten ist möglich, erfordert aber eine erhöhte Aufmerksamkeit. Wenn eine solche Zeitabhängigkeit vorbestimmt ist oder zumindest vom untersuchten Prozeß nicht beeinflußt wird, gibt es keine besonderen Probleme - außer möglicherweise einem erhöhten Re-

codierungsaufwand und längerer Rechenzeit. Beispiele für diesen Typ von zeitabhängigen Kovariaten (nach der Klassifikation von KALBFLEISCH und PRENTICE (1980) "externe Kovariaten") sind z.B. bei der Untersuchung von Arbeitslosigkeit
das Alter (vorbestimmt), die wöchentliche oder monatliche
Unterstützungsleistung (durch Gesetz in Abhängigkeit von der
Arbeitslosigkeitsdauer vorbestimmt) oder ein geeigneter Ar-
beitsmarktindikator, welcher von der Wiederbeschäftigung
eines bestimmten Arbeitslosen praktisch nicht beeinflußt
wird, wohl aber dessen Wiedereingliederungschancen beeinflußt.

Zeitabhängige Kovariate können aber auch das Ergebnis eines
Prozesses sein, der von den untersuchten Individuen generiert
und nur solange beobachtet wird, als das  betreffende Individuum am  "Leben"  und nicht zensiert ist ("interne Kovariaten"). Beispielsweise wäre vorstellbar, daß eine Ehe vor einer eventuellen Scheidung mehrere Zustände durchläuft, und
daß ein geeigneter Ehezustandsindikator als Kovariate zur Erklärung des Scheidungsrisikos beitragen kann. Da in diesem
Fall zweifellos eine wechselseitige Beziehung zwischen der
Entwicklung des Ehezustands und dem untersuchten Eheauflö-
sungsprozeß besteht, ist eine Modellierung dieser Beziehung
unumgänglich. KALBFLEISCH und PRENTICE (1980) machen Vor-
schläge für eine vergleichbare Situation; die statistische
Inferenz bei internen Kovariaten ist aber noch recht unzu-
reichend erforscht.

## 4.3. Das geschichtete Cox-Modell und die Überprüfung der Proportionalitätsannahme

Wenn die Annahme einer allgemeinen Baseline-Hazardfunktion
nicht gerechtfertigt ist (wohl aber innerhalb abgegrenzter
Subgruppen, welche hier "Schichten" oder "Strata" heißen),

hingegen aber die Annahme identischer Kovariateneinflüsse
für alle Schichten, bietet sich folgende Modifikation an:

$$(58) \quad r^{(j)}(t,x) = r_0^{(j)}(t) \cdot e^{\beta'x}$$

wobei j ein Schichtindex, $r_0^{(j)}(t)$ die nicht-spezifizierte
Baseline-Hazardfunktion in Schicht j und $r^{(j)}(t,x)$ die individual-spezifische Hazardfunktion in Schicht j ist. Bei der
Bestimmung der partiellen Likelihood sind dabei nur Verglei-
che innerhalb der jeweiligen Schichten durchzuführen, wodurch
der Rechenaufwand i.a. sogar reduziert wird. Falls trotz Proportionalität geschichtet wird, ist allerdings mit einem Effizienzverlust zu rechnen, dieser ist aber in der Regel nicht
übermäßig groß (siehe etwa KALBFLEISCH und PRENTICE 1980).

Die Berücksichtigung von Schichten erlaubt einen einfachen
graphischen Check der Proportionalitätsannahme. Wird etwa
vermutet, daß die Baseline-Hazardfunktionen für Männer und
Frauen disproportional unterschiedlich  sind, benutzen
wir das Geschlecht  als Schichtungskriterium und schätzen
im geschichteten Modell die Parameter $\beta_i$ der übrigen Kovariaten und die beiden schichtspezifischen Baseline-Überlebens-
funktionen $\hat{G}_0^{(1)}(t)$ und $\hat{G}_0^{(2)}(t)$. Wenn die Proportionalitätsannahme zutrifft, also $r_0^{(2)}(t) = c \cdot r_0^{(1)}(t)$ mit der Proportionali-
tätskonstanten $c > 0$, dann gilt für die Baseline-Überlebensfunktionen (vgl. Formel (13) in Abschnitt 2.2.3 ):

$$(59) \quad G_0^{(2)}(t) = \left[ G_0^{(1)}(t) \right]^c$$

und nach einer log-minus-log-Transformation:

$$(60) \quad \ln\left[ -\ln G_0^{(2)}(t) \right] = \ln c + \ln \left[ -\ln G_0^{(1)}(t) \right]$$

Das Minus zwischen den beiden logs ist notwendig, da $G(t)$ nur Werte zwischen O und 1 annimmt, ln $G(t)$ daher negativ ist und vor einer weiteren log-Transformation erst ins Positive transformiert werden muß. Wenn man die so transformierten geschätzten Baseline-Überlebensfunktionen für Männer bzw. Frauen gegen die Zeit aufträgt, ist ein einigermaßen paralleler Verlauf der beiden Kurven (Distanz: ln c) ein Indikator dafür, daß die Proportionalitätsannahme zutrifft. Diese Möglichkeit ist in BMDP vorgesehen und sollte in explorativen Studien bereits bei der Überlegung, welche Kovariaten ins Modell aufgenommen werden sollen, genützt werden.

Über den Umweg mit konstruierten zeitabhängigen Kovariaten sind sogar Signifikanztests möglich; dabei müssen aber Alternativen spezifiziert werden. Eine solche Alternative könnte etwa sein, daß der Quotient der Baseline-Hazardfunktionen von Männern und Frauen nicht konstant, sondern proportional zu einer Potenz der Verweildauer ist. Bezeichnen wir das Geschlecht mit $x_1$, eine neue zeitabhängige Kovariate $x_1 \cdot \ln t$ (t=Zeit) mit $x_2$ und die anderen Kovariaten mit $x_3, \ldots, x_n$, und schätzen wir das Modell:

$$(61) \quad r(t,x) = r_O(t) e^{\beta_1 x_1 + \beta_2 x_2 + \beta_3 x_3 + \ldots + \beta_n x_n}$$

so erhalten wir bei der $x_1$-Codierung männlich=O, weiblich=1 die folgenden schichtenspezifischen Hazard-Funktionen:

Männer: $r(t,x) = r_O(t) e^{\beta_3 x_3 + \ldots + \beta_n x_n}$

Frauen: $r(t,x) = r_O(t) e^{\beta_1} e^{\beta_2 \ln t} \; e^{\beta_3 x_3 + \ldots + \beta_n x_n}$

$$= r_O(t) e^{\beta_1} t^{\beta_2} e^{\beta_3 x_3 + \ldots + \beta_n x_n}$$

Wir erhalten damit die gewünschte Alternative. Der Proportionalitätsannahme entspricht die Nullhypothese

$$H_O : \beta_2 = O$$

Der Verletzung der Proportionalitätsannahme  entspricht die
Alternativhypothese

$$H_1 : \beta_2 \neq 0$$

Diese können unter Benützung der asymptotischen Normalverteilung von $\hat{\beta}_2$ leicht getestet werden, wie im folgenden Abschnitt gezeigt wird.

## 4.4. Signifikanztests und Stepwise-Regression

Aus den asymptotischen Eigenschaften der mit der Partial-Li-
kelihood-Methode berechneten Schätzwerte lassen sich zumindest für nicht zu kleine Stichproben einfache Signifikanztests für einzelne Parameter ableiten. Wird z.B. die Nullhypothese:

$$H_0 : \beta_i = 0 \quad \text{(Kovariate Nr.i hat keinen}$$
$$\text{Einfluß)}$$

getestet, dann ist $\hat{\beta}_i / \hat{\sigma}_i$ (wobei $\hat{\sigma}_i$ der geschätzte Standardfehler von $\hat{\beta}_i$ ist) t-verteilt. Bei einem Signifikanzniveau von
95 % ist der kritische Wert für $\hat{\beta}_i / \hat{\sigma}_i$ für den beidseitigen
Test bei größeren Stichproben 1.96, bei einem Signifikanzni-
veau von 99 % sind dies 2,58. Als Faustregel geht man häufig
davon aus, daß jeder geschätzte Parameter betragsmäßig zumindest doppelt so groß sein sollte wie sein Standardfehler.

Dieser Test bietet allerdings nur einen sehr groben Überblick,
da er immer nur die Signifikanz eines einzigen Parameters be-
urteilt. Wenn der Test für mehrere Parameter - jeweils
einzeln für sich genommen - die Annahme der Nullhypothese zuläßt, ist der Schluß, daß diese Parameter auch gemeinsam keinen Einfluß haben, nicht gerechtfertigt.

Für den Fall, daß der simultane Einfluß einer Gruppe von Kovariaten getestet werden soll, schlägt LAWLESS (1982) drei Möglichkeiten vor:

(1) $\hat{\beta}$ wird als normalverteilt betrachtet mit Erwartungswert $\beta$ und Varianz-Kovarianzmatrix $I(\hat{\beta})^{-1}$, wobei die "Informationsmatrix" $I(\hat{\beta})$ die negativ genommene Matrix der zweiten Ableitungen der logarithmierten Partial-Likelihood-Funktion ist (WALD). Der Test auf der Basis der Varianz-Kovarianzmatrix ist eine Verallgemeinerung des Tests auf Signifikanz eines einzelnen Einflusses.

(2) Tests auf der Grundlage von Likelihood-Ratio-Statistiken (vgl. Abschnitt 5.1.3 ) mit $\chi^2 \cong 2\left[\ln L(\hat{\beta}) - \ln L(\hat{\beta}*)\right]$, wobei $L(\hat{\beta})$ die maximale Partial-Likelihood im vollen Modell ist, $L(\hat{\beta}*)$ die maximale Partial-Likelihood im eingeschränkten Modell, welches man durch Weglassen der zu testenden Kovariaten erhält (LRATIO). Dahinter steckt die Idee, daß sich bei Hinzunahme nicht signifikanter Einflüsse der maximale Wert der Partial-Likelihood-Funktion nur unwesentlich erhöhen sollte.

(3) Tests, welche auf den "Score-Vektoren" $U(\beta) = (\partial \ln L(\beta)/\partial \beta_i)$ basieren. In großen Stichproben können diese Scores ebenfalls als normalverteilt mit Erwartungswert 0 und Varianz-Kovarianzmatrix $I(\beta)^{-1}$ betrachtet werden (SCORE).

Alle drei Möglichkeiten sind in BMDP vorgesehen, die oben in Klammer angeführten Stichwörter sind die in BMDP verwendeten Bezeichnungen. Die Eigenschaften dieser Tests bei der Anwendung in der Survival-Analyse sind zwar noch recht wenig erforscht, der Vergleich der Teststatistiken mit der $\chi^2$-Verteilung (Freiheitsgrade=Anzahl der zu testenden Parameter) dürfte im allgemeinen aber gerechtfertigt sein.

Als Spezialfall kann natürlich getestet werden, ob die durch
die Kovariaten beschriebene Heterogenität überhaupt einen Einfluß auf die Überlebensverteilung hat, also die Nullhypothese,
daß alle ß-Koeffizienten Null sind. In BMDP wird dazu eine
dem Score-Test entsprechende globale $\chi^2$-Statistik berechnet
und mit der $\chi^2$-Verteilung (Freiheitsgrade=Anzahl aller Kovariaten) verglichen. Wenn dieser Test - was in der Regel
wohl zu erwarten ist - positiv ausfällt, kann daraus allerdings noch keineswegs auf die Güte der Anpassung (Goodness
of fit) geschlossen werden, da ja noch nichtbeobachtete Heterogenität vorliegen oder eine Modellannahme verletzt sein
kann. Für die Beurteilung der Anpassung schlagen KALBFLEISCH
und PRENTICE (1980) einen einfachen graphischen Check vor.

Für das Individuum Nr.i mit Ankunftszeit $t_i$ definieren wir
das "Residuum" $e_i$ folgendermaßen:

$$(62) \quad e_i = R_0(t_i) e^{\beta' x(i)}$$

wobei $R_0(t)$ die kumulierte Baseline-Hazardfunktion $\int_0^t r_0(\tau) d\tau$
ist. Schätzwerte $\hat{e}_i$ für die Residuen erhalten wir, wenn wir
in die obige Gleichung die im Cox-Modell geschätzten Werte
für $R_0(t_i)$ und ß sowie die Kovariatenausprägungen x(i) ein-
setzen. Für die individual-spezifischen Überlebensfunktionen
$G(t_i, x(i))$ gilt folgende Beziehung (siehe Formel (13) in Abschnitt 2.2.3.):

$$(63) \quad G(t_i, x(i)) = e^{-R_0(t_i) \exp(\beta' x(i))} = e^{-e_i}$$

Betrachtet man die $e_i$ als transformierte Zeiten $t_i^* = e_i$, so
folgt:

$$(64) \quad G(t_i^*) = e^{-1 \cdot t_i^*}$$

Die $t_i^* = e_i$ sind also exponentialverteilt mit konstanter Hazardrate 1. Dies müßte - die Gültigkeit der Modellannahmen vorausgesetzt - auch für die geschätzten $\hat{e}_i$ gelten. Die Gültigkeit der Modellannahme und damit auch die Güte der Anpassung kann also dadurch überprüft werden, daß man untersucht, ob die $\hat{e}_i$ tatsächlich aus einer Exponentialverteilung mit der Hazardrate 1 stammen.

Zu diesem Zweck werden nach erfolgter Schätzung des Cox-Modells die Residuen $\hat{e}_i$ berechnet, wobei exakten Zeiten exakte Residuen, zensierten Zeiten zensierte Residuen entsprechen. Zu diesen Residuen - nunmehr als neu definierte "Zeiten" $t_i^*$ aufgefaßt - kann jetzt mit einer der im vorigen Kapitel beschriebenen nicht-parametrischen Methoden die dazugehörige kumulative Hazardrate geschätzt werden.

Gemäß der Überlebensfunktion $G(t_i^*)$ erwarten wir für die Hazardrate einen Wert von eins und für die kumulierte Hazardrate in Abhängigkeit von der "Zeit" $t^*$ eine Gerade mit dem Anstieg 1. Ein Plot, in dem diese - mit nicht-parametrischen Methoden geschätzten - kumulierten Hazardraten der Residuen gegen die "Zeit" $t^*$, d.h. gegen die aus dem Cox-Modell geschätzten Residuen selbst aufgetragen werden, muß bei zutreffenden Modellannahmen eine Gerade mit dem Anstieg 1 ergeben. Weicht die Darstellung deutlich davon ab, dann ist das ein sicheres Zeichen dafür, daß Modellannahmen verletzt sind. In BMDP ist dieser graphische Check verfügbar.

Die oben beschriebenen Tests können auch bei der Auswahl jener Variablen behilflich sein, welche letztendlich in das Modell aufzunehmen sind. Zu diesem Zweck sind zwei unterschiedliche Arten schrittweisen Vorgehens gebräuchlich (siehe etwa ELANDT-JOHNSON und JOHNSON 1980). Bei der ersten Methode ("Step-Up") geht man von einem Modell ohne Kovariaten aus und entscheidet schrittweise aufgrund eines geeigneten Tests, welche der Kovariaten als nächste in das Modell aufzunehmen ist bzw. - in späteren Schritten - aus dem Modell auszuscheiden ist. Dazu sind für Aufnahme bzw. Ausscheiden Grenzwerte für die Irrtumswahrscheinlichkeit festzulegen. Unter allen Aufnahmekandidaten wird die Kovariate mit der günstigsten Statistik (=kleinster p-Wert) für die Aufnahme ausgewählt, unter allen Ausscheidungskandidaten analog dazu die Kovariate mit der ungünstigsten Statistik (=größter p-Wert) ausgeschieden. Diese Prozedur wird so lange fortgesetzt, bis es keine Aufnahme- und Ausscheidungskandidaten mehr gibt, bis also bei allen Kovariaten im Modell der p-Wert kleiner als die vorgegebene p-Grenze für das Ausscheiden und bei allen nicht aufgenommenen Kovariaten der p-Wert größer als die vorgegebene Grenze für die Aufnahme ist. Bei der zweiten Methode ("Step-Down") geht man spiegelbildlich dazu von einem Modell mit allen Kovariaten aus und reduziert bzw. erweitert analog. Step-Up- und Step-Down-Ergebnis müssen nicht identisch sein, außerdem kann die Verwendung einer anderen Teststatistik auch ein anderes Ergebnis bringen, ebenso die Wahl unterschiedlicher p-Grenzen. Stepwise Regression ist lediglich eine Hilfe bei der Modellkonstruktion, eine fundierte Theorie über die Variation von Überlebensverteilungen kann sie gewiß nicht ersetzen. In BMDP sind zwei modifizierbare Step-Up-Verfahren (mit unterschiedlichen Teststatistiken) verfügbar. Mit zunehmender Anzahl von Kovariaten-Kandidaten kann der Rechenaufwand allerdings recht groß werden. Stepwise-Regression sollte deshalb nur mit entsprechender Sorgfalt durchgeführt werden.

## 4.5. <u>Anwendungsbeispiel Arbeitslosigkeit mit dem Programm BMDP</u>

Die Dauer der Arbeitslosigkeit oder - spiegelbildlich - die
Chance, wieder eine Beschäftigung zu finden, wird zweifellos von vielen Bestimmungsgründen beeinflußt. Individuelle
Charakteristika  wie Alter, Geschlecht, Ausbildung, der letzte
ausgeübte Beruf, die Höhe der bezogenen Arbeitslosenunterstützung werden eine Rolle spielen, ebenso Arbeitsmarktindikato-
ren wie die Arbeitslosenquote, das Verhältnis Arbeitssuchende
zu offenen Stellen oder Regionalindikatoren. Stehen sehr viele
solcher zusätzlicher Informationen zur Verfügung, dann empfiehlt es sich, in einer ersten Phase jene Variablen zu bestimmen, welche letztlich in das Regressionsmodell aufgenommen werden. Dabei sind die nicht-parametrischen Verfahren von
Kapitel 3 sicher von Nutzen.  Bei der  Auswahl ist auch darauf zu achten, daß hoch korrelierende unabhängige Variablen
nicht gemeinsam in das Modell aufgenommen werden. Wenn z.B.
die Variablen Beruf (mit den Ausprägungen Produktionsberuf/
Dienstleistungsberuf) und Soziale Stellung (Arbeiter/Ange-
stellter) im Extremfall in der Stichprobe so verteilt sind,
daß es nur Arbeiter in Produktionsberufen und Angestellte in
Dienstleistungsberufen gibt, dann besteht natürlich keine
Aussicht, sowohl einen Berufs- als auch einen Sozialstellungs-
effekt schätzen zu können. Bei hoch korrelierenden Variablen
ist es aber durchaus zweckmäßig, mehrere Modellvarianten zu
schätzen, da die Erklärungskraft solcher Variablen sehr unterschiedlich sein kann.


Im vorliegenden Fall der bereits im letzten Kapitel benütz-
ten Arbeitslosendaten entfällt allerdings diese Phase, da
von jeder der vier verfügbaren Kovariaten Alter, Soziale
Stellung, Geschlecht und Höhe der Arbeitslosenunterstützung
ein Einfluß auf die Dauer der Arbeitslosigkeit erwartet werden kann. Da die Wirkung nicht zwangsläufig proportional sein

muß, ist aber die Proportionalitätsannahme zu testen und damit zu entscheiden, ob die einzelnen Variablen als Kovariaten oder als Schichtungsmerkmale in das Modell aufzunehmen
sind. Zu diesem Zweck wird abwechselnd eine der Variablen
als Schichtungsmerkmal aufgefaßt (wobei Alter und die Höhe
der Arbeitslosenunterstützung geeignet gruppiert werden),
die restlichen Variablen als Kovariaten.Das resultierende
geschichtete Cox-Modell wird geschätzt, und der Test auf
Proportionalität erfolgt - wie oben beschrieben - graphisch
durch Vergleich der schichtspezifischen log-minus-log-Über-
lebensfunktionen.

Wir demonstrieren diese Vorgangsweise am Beispiel des Alters,
welches in Gruppen bis 25, 26-35,36-45,46-55 und über 55
Jahre zusammengefaßt wird. Da die Gruppenmittelpunkte etwa
konstante Abstände von 10 Jahren haben, ist bei Gültigkeit
der Proportionalitätsannahme in bezug auf das Alter zu erwarten, daß die log-minus-log-Darstellung der Gruppen-Über-
lebensfunktionen:

a) parallel verlaufen
b) monoton angeordnet sind, d.h. die Kurve für die jüngste
   Altersgruppe ist die unterste, die Kurve für die zweit-
   jüngste Altersgruppe ist die nächste usw., oder umgekehrt
   von oben nach unten, aber in derselben  Reihenfolge,
c) der Abstand zwischen der untersten und der nächsten Kurve
   gleich groß ist wie zwischen dieser und der übernächsten
   Kurve usw.

Der entsprechende BMDP-Runstream sieht folgendermaßen aus:

<u>Runbeispiel BMDP (Programm P2L)</u>

```
/PROBLEM     TITLE IS 'PROPORTIONALITAETSTEST'.
/INPUT       VARIABLES ARE 11.
             FORMAT IS '(3F2.0,1x,3F2.0,1x,F2.0,1x,F1.0,1x,
             F1.0,1x,F8.0)'.
/VARIABLES   NAMES ARE ENTDAY,ENTMONTH,ENTYEAR,TERDAY,
             TERMONTH,TERYEAR,STATE,AGE,CAT,SEX,PAY.
/FORM        ENTRY IS ENTMONTH,ENTDAY,ENTYEAR.
             TERMINATION IS TERMONTH,TERDAY,TERYEAR.
             STATUS IS STATE.
             RESPONSE IS 1.
             UNIT IS DAY.
/GROUP       CUTPOINTS (8) ARE 25.0,35.0,45.0,55.0.
             NAMES (8) ARE '-25','26-35','36-45','46-55','56-'.
/REGRESSION COVARIATES ARE CAT,SEX,PAY.
             STRATA IS AGE.
/PLOT        TYPE IS LOG.
/END
180279 220379 1 28 1 1     5276.
200279 010379 1 24 1 1     4657.
270279 310879 0 55 0 0     5012.        Daten
   .       .    .   . . .       .
   .       .    .   . . .       .
   .       .    .   . . .       .
```

Bei einer Geschlechts-Codierung 0=weiblich, 1=männlich und
einer Sozialstellungs-Codierung 0=Arbeiter, 1=Angestellter
entspricht der erste Fall  einem männlichen, 28-jährigen
Angestellten, welcher am 18.2.1979 arbeitslos wurde (die soziale Stellung bezieht sich auf die letzte Tätigkeit vor der
Arbeitslosigkeit), eine Arbeitslosenunterstützung von
öS 5.276,- bezog und am 22.3.1979 wieder eine Beschäftigung
fand.

Im Vergleich zu den früher angeführten BMDP-Runstreams gibt
es folgende Neuerungen:

a) Im GROUP-Paragraph wird die Gruppenzusammenfassung durch
   CUTPOINTS, welche die Gruppengrenzen definieren, angegeben. Bei qualitativen Variablen - Geschlecht, Kategorie -
   würden wir wieder wie in 3.4. CODES-Statements verwenden.

b) Der REGRESSION-Paragraph ist völlig neu und gibt die Namen der Kovariaten und des Schichtmerkmals an.

c) Die Steuerung für den graphischen Output erfolgt nicht
   wie im Programm P1L (nicht-parametrische Verfahren) im
   ESTIMATE-Paragraph, sondern in einem eigenen PLOT-Para-
   graph.

Bei der Exekution des Runstreams werden die Parameter der
Kovariaten Geschlecht, Soziale Stellung, Arbeitslosenunterstützung und die um diese Effekte bereinigten altersgruppen-
spezifischen Überlebensfunktionen berechnet. In der gegen-
wärtigen Phase interessieren uns nur die letzteren. Ihr Verlauf nach der log-minus-log-Transformation ist in Abbildung 12
dargestellt. Dabei wurden für jede der drei Kovariaten deren
Mittelwert in der gesamten Stichprobe eingesetzt. Die jüngste Altersgruppe ist mit A dargestellt, die Gruppe der 26-
35-jährigen mit B usw., die Gruppe der über 55-jährigen mit E.

Etwa während des ersten Monats gibt es einige Irregulari-
täten und Überschneidungen, welche nicht unbedingt den Pro-
portionalitätsbedingungen entsprechen. Von der E-Gruppe abgesehen, sind die   Bedingungen nachher aber recht gut erfüllt: die oberste Kurve gehört zur A-Gruppe (was einer ver-
gleichsweise höheren Chance für junge Arbeitslose entspricht,
wieder beschäftigt zu werden), darunter liegt die Kurve der
B-Gruppe usw. Die einigermaßen konstante Differenz zwischen
je zwei benachbarten Kurven entspricht der für zehn zusätzliche Altersjahre geminderten Chance, wieder eine Anstellung
zu finden.

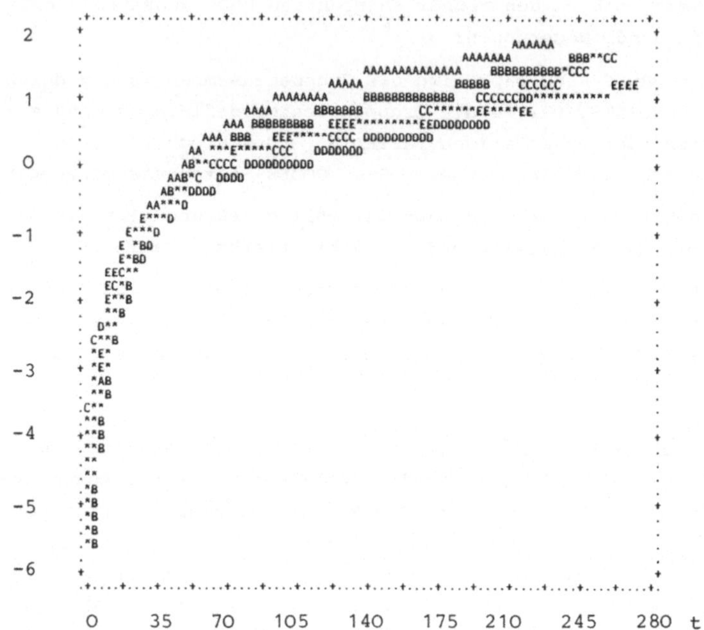



**Abbildung 12:** Beispiel Arbeitslosigkeit. Proportionalitäts-
test  nach dem Alter

Lediglich die Altersgruppe der über 55-jährigen tanzt aus
der Reihe. Ihre log-minus-log-Überlebensfunktion liegt
nicht unterhalb der D-Kurve (wo sie bei Angemessenheit des
Proportionalitätsmodells eigentlich liegen müßte), sondern
zwischen den anderen Kurven. Offensichtlich gibt es hier
Einflüsse, welche den ungünstigen Alterseffekt zumindest
teilweise kompensieren. Über die Ursachen dieser Kompensation können wir ohne weitere Informationen keine Aussagen
machen, wohl aber über deren Ausmaß. Da auch in dieser Altersgruppe die Hazardrate noch einigermaßen proportional,

aber nicht mehr log-linear mit dem Alter verbunden ist, läßt
sich der Kompensationseffekt durch zusätzliches Einführen
einer Alters-Dummy-Variablen (mit dem Wert 0 für die  bis
55-, dem Wert 1 für die über 55-jährigen) abschätzen. Durch
diese Vorgangsweise werden auch Verzerrungen bei der Parameterschätzung vermieden.

Auf analoge Weise wird die Proportionalitätsannahme bei den
anderen drei Variablen überprüft. Bei den vorliegenden Daten
zeigen die entsprechenden Kurven immer den erwarteten paral-
lelen Verlauf. Lediglich beim Geschlecht gibt es Überschneidungen, allerdings liegen hier die Kurven für Männer bzw.
Frauen so dicht beisammen, daß man auch hier die Proportionalitätsannahme (hier eher: Identitätsannahme) gelten lassen kann.

Das endgültige Modell ist also ungeschichtet und hat folgende
Form:

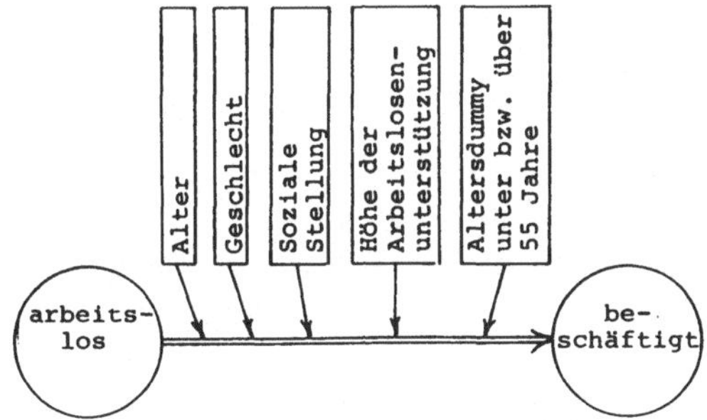


__Abbildung 13:__ Kovariateneffekte auf die Wiederbeschäftigungschance

Die Schätzergebnisse sind in Tabelle 8 enthalten.

| Nr. | Kovariate | $\hat{\beta}$ | $SE(\hat{\beta})$ | $\dfrac{\hat{\beta}}{SE(\hat{\beta})}$ | $\exp(\hat{\beta})$ |
|---|---|---|---|---|---|
| 1 | Alter[1] | -0,0275 | 0,0033 | -8,22 | 0,973 |
| 2 | Soziale Stellung[2] | -0,6222 | 0,0753 | -8,26 | 0,537 |
| 3 | Geschlecht[3] | 0,1049 | 0,0693 | 1,51 | 1,111 |
| 4 | Arbeitslosen- unterstützung[4] | 0,1460 | 0,0235 | 6,22 | 1,157 |
| 5 | Altersdummy[5] | 0,4551 | 0,1921 | 2,37 | 1,576 |

[1] in Jahren    [2] 0=Arbeiter, 1=Angestellter

[3] 0=weiblich, 1=männlich    [4] in 1.000 öS

[5] 0 für ein Alter von 55 Jahren oder weniger, 1=über 55 Jahre

Globaler Wert von $\chi^2=186,43$   p-Wert=0,0000 (df=5)

Tabelle 8: Beispiel Arbeitslosigkeit, Schätzergebnisse des Cox-Modells

Wie nicht anders zu erwarten war, kann die durch die Kovariaten ausgedrückte Heterogenität maßgeblich zur Erklärung der
Hazardraten-Variation beitragen: der globalen $\chi^2$-Statistik
entspricht ein p-Wert von praktisch 0. Unter der Annahme
normalverteilter Schätzwerte und eines Signifikanzniveaus von
95 % sind alle Einflüsse bis auf das Geschlecht signifikant.

Der Einfluß des Alters wirkt in die erwartete Richtung: mit
zunehmendem Alter wird es für Arbeitslose schwieriger, wieder
eine Beschäftigung zu finden, mit jedem Lebensjahr nimmt
diese Chance um knapp 3 % (=100 - 97;3) ab. In der ältesten
Arbeitslosengruppe (über 55) gibt es aber einen Kompensationseffekt, welcher größenordnungsmäßig einer Kompensation

für etwa 15 Altersjahre (0,4551/0,0275=16,55) entspricht.
Dieser Effekt ist signifikant bei einer Irrtumswahrschein-
lichkeit von 5 % ($\hat{\beta}_5$/SE ($\hat{\beta}_5$) = 0,4551/0,1921=2,37), seine
Ursachen sind aber aus den Daten nicht ersichtlich.


Der Einfluß der "Sozialen Stellung" ist beträchtlich und hoch-
signifikant: bei Angestellten (Code 1) ist die Chance, wieder
beschäftigt zu werden, nur halb so groß (exp($\hat{\beta}_2$)=0,537
wie bei den Arbeitern (Code 0). Bei einer konstanten Baseline-Hazardfunktion - was hier allerdings nicht der Fall
ist - wären Angestellte damit im Durchschnitt fast doppelt so
lange arbeitslos wie Arbeiter. Die österreichische Arbeits-
marktstatistik zeigt zwar ein Gefälle in dieser Richtung auf,
der Unterschied beträgt aber nur etwa 20 %. Möglicherweise
gibt es bei unserer Stichprobe Repräsentativitätsprobleme,
was auch den Umstand, daß der Einfluß des Geschlechts zwar
die erwartete Richtung hat (die Wiederbeschäftigungschance
für Männer/Code 1 ist um 11 % größer als die für Frauen /
Code 0), aber nicht signifikant ist (p=0,132), erklären
könnte.


Auch die Höhe der Arbeitslosenunterstützung hat einen signifikanten Einfluß. Je höher diese ist, desto größer ist die
Wiederbeschäftigungschance (bei zusätzlichen 1.000 öS steigt
sie um 15 %).


Der graphische Anpassungstest (kumulative Hazardfunktion der
Residuen) ist einigermaßen zufriedenstellend, lediglich für
große Residuenwerte sind die Abweichungen von der 45$^{\circ}$-Geraden
nicht mehr zu rechtfertigen, und auch im mittleren Bereich
(Residuen zwischen 2,5 und 5) könnte die Anpassung durchaus
noch besser sein. Wegen der (definitorischen) Beziehung:
Residuum des Individuums Nr.i=$R_0(t_i)\exp(\hat{\beta}'x(i))$ entsprechen die
großen Residuen Individuen mit großer kumulierter Hazardrate

$R_O(t_i)$, also längerer Arbeitslosigkeit, und einem großen Wert
$\beta'x(i)$. Wegen der Vorzeichen der geschätzten $\hat{\beta}$-Koeffizienten,
sind das jüngere Arbeiter mit einer hohen Arbeitslosenunterstützung. Treffen diese Merkmale mit einer länger dauernden
Arbeitslosigkeit zusammen, dann erscheint unser Modell nicht
angemessen. Die Residuen im mittleren Bereich lassen sich wegen der Kompensationsmöglichkeiten zwischen $R_O(t)$ und den Kovariaten (bei der Berechnung der Residuen) nicht einfach lo-
kalisieren. Für kleine Residuen, also insbesondere für eine
kurze Dauer der Arbeitslosigkeit, ist die Anpassung des Modells sehr gut.

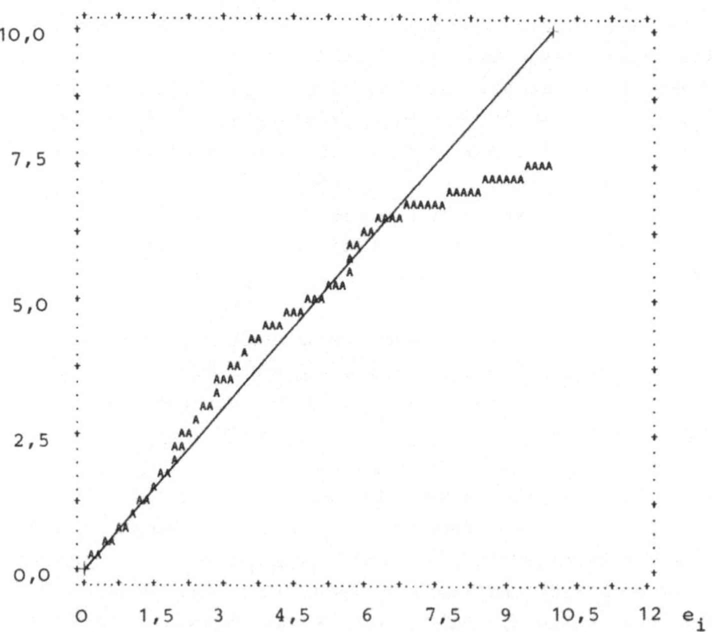

**Abbildung 14:** Beispiel Arbeitslosigkeit. Graphischer Anpassungstest (kumulierte Hazardfunktion der
Residuen - senkrecht - gegen die Residuen -
waagrecht)

## 5. Parametrische Verfahren

Zur Ermittlung der Effekte kausal unabhängiger Variablen auf
die Übergangsrate und die Verweildauer mit parametrischen
Verfahren ist es zunächst erforderlich, eine genaue Ratenfunktion zu spezifizieren. Welche Ratenfunktion aufgestellt wird,
ist eine Frage der Hypothesenbildung. Im allgemeinen empfiehlt
es sich, mit _einfachen_ Modellen zu beginnen, die die wünschens-
werte Eigenschaft aufweisen, daß die Rate _nicht-negativ_ werden
kann und deren Parameter _gut interpretierbar_ sind. Das log-
lineare Basismodell erfüllt die genannten drei Kriterien.

### 5.1. Das log-lineare Basismodell

### 5.1.1. Das Modell und die Interpretation der Koeffizienten

Für praktische Anwendungen des Modells ist eine genaue Vor-
stellung von der Bedeutung der Koeffizienten besonders wich-
tig. In Zusammenhang mit dem Cox-Modell wurden schon einige
Interpretationsmöglichkeiten erwähnt. Bei zeitunabhängigen
parametrischen Modellen kommt hinzu, daß die Koeffizienten
direkt über die Stärke der Effekte auf die mittlere Verweildauer Auskunft geben. Wir wollen an dieser Stelle noch einmal ausführlich und übersichtlich die verschiedenen Interpretationsmöglichkeiten der Koeffizienten zusammenstellen
und erläutern.

Wir gehen im folgenden wieder von einem Zwei-Zustands-Modell
mit der Übergangsrate $r=r_{01}$ aus. Sind $x_1, x_2, \ldots x_m$ die Kovariate (=unabhängige Variablen) und $\beta_0, \beta_1, \beta_2, \ldots, \beta_m$ empirisch
zu schätzende Parameter, so hat das log-lineare Modell die
Form:

$$(65) \quad r = e^{\beta_0 + \beta_1 x_1 + \beta_2 x_2 + \ldots + \beta_m x_m}$$

Werden beide Seiten der Gleichung logarithmiert, so erhält man einen log-linearen Ausdruck. Auf der linken Seite steht der natürliche Logarithmus der Rate, auf der rechten Seite eine Linearkombination der Kovariate.

$$(66) \quad \ln(r) = \beta_0 + \beta_1 x_1 + \beta_2 x_2 + \ldots \beta_m x_m$$

Zur Interpretation der Koeffizienten ist noch eine andere Schreibweise von (65) zweckmäßig (CARROLL 1982). Gleichung (65) wird wie folgt umgeformt:

$$(67) \quad r = (e^{\beta_0}) \cdot (e^{\beta_1})^{x_1} \cdot (e^{\beta_2})^{x_2} \cdot \ldots (e^{\beta_m})^{x_m} \quad \text{oder:}$$

$$(68) \quad r = \alpha_0 \cdot \alpha_1^{x_1} \cdot \alpha_2^{x_2} \cdot \ldots \alpha_m^{x_m}$$

Hierbei gilt:

$$\alpha_i = e^{\beta_i} \quad \text{oder} \quad \beta_i = \ln \alpha_i$$

Wir sprechen von $\alpha$- und von $\beta$-Koeffizienten, die mit einer einfachen Rechenoperation ineinander überführbar sind. Die $\alpha$-Koeffizienten lassen sich inhaltlich besonders gut interpretieren, wie sich im folgenden zeigen wird. Daher ist der Schreibweise (68) meist der Vorzug zu geben.

Die Kovariate $x_i$ müssen quantitatives Skalenniveau aufweisen (mindestens Intervallskala) oder aber als qualitative Dummy-Variablen (O/1-Variablen) in die Gleichung eingehen. Ferner können wie in einer Regressionsgleichung auch Interaktions-effekte (Zusammenwirken von zwei oder mehreren Variablen) in der Ratengleichung berücksichtigt werden.

Was bedeutet es nun, wenn man z.B. für $\alpha_1$, etwa den $\alpha$-Koeffizienten der unabhängigen Variablen $x_1$=Bildung in Schuljahren, einen Wert von 1,08 ermittelt?

<u>Richtung des Effekts.</u> Die $\alpha_i$-Parameter sind Multiplikatoren, die wegen $\alpha_i = \exp \beta_i$ stets positive Werte aufweisen. Ist $\alpha_i > 1$, so ist der Effekt der Variable $x_i$ auf die Rate positiv, für $\alpha_i < 1$ ist der Effekt negativ und für $\alpha_i = 1$ existiert kein Effekt, wie man anhand von Gleichung (68) erkennen kann. Ein Wert von 1,08 signalisiert also einen positiven Einfluß der Variablen Bildung.

<u>Stärke des Effekts.</u> Aus Gleichung (68) folgt, daß sich bei einer Erhöhung der unabhängigen Variablen um eine Einheit $\Delta x_i$ die Rate um $100 \cdot (\alpha_i - 1)$ Prozent verändert. Ein Wert von 1,08 weist also daraufhin, daß bei einem zusätzlichen Schuljahr die Rate um 8 % steigt. Bei Dummy-Variablen mit der Codierung 0/1 gibt der Koeffizient an, um wieviel Prozent höher oder niedriger die Übergangsrate für die Gruppe mit der 1-Codierung ist.

<u>Verweildauer-Interpretation.</u> Die Rate selbst ist nicht beobachtbar. Die Effektstärke-Interpretation ist daher eventuell weniger anschaulich, da sie über den Zuwachs der nicht beobachtbaren Rate Auskunft gibt. Eine recht anschaulich erfaßbare Größe ist dagegen die mittlere Verweildauer im Ausgangszustand. Unter der mittleren Lebenserwartung können sich die meisten Menschen etwas vorstellen. Wenn es gelingt, zwischen den $\alpha$-Koeffizienten und der mittleren Verweildauer E(T) eine Brücke zu bauen, dann kann $\alpha_i$ als Maß für die Stärke des Effekts der Variablen $x_i$ auf E(T) angesehen werden. Beim Modell mit zeitunabhängiger Rate liefert Formel (10) in Kap. 2 eine solche Brücke. Die Rate entspricht ja dem reziproken Wert der Verweildauer. Gemäß der Spezifikation der Rate in Gleichung (68) folgt:

$$(69) \quad E(T) = \frac{1}{r} = \frac{1}{\alpha_0 \alpha_1^{x_1} \ldots \alpha_m^{x_m}} = \left(\frac{1}{\alpha_0}\right) \left(\frac{1}{\alpha_1}\right)^{x_1} \cdot \ldots \cdot \left(\frac{1}{\alpha_m}\right)^{x_m}$$

Hieraus ergibt sich folgende Interpretation der $\alpha$-Koeffizienten: Wird die unabhängige Variable um eine Einheit $\Delta x_i$ erhöht, so verändert sich die mittlere Verweildauer um $[(1/\alpha_i)-1].100$ Prozent. Ein Wert von 1,08 gibt also an, daß ein zusätzliches Jahr Bildung die erwartete Verweildauer - z.B. im Ausgangszustand der Arbeitslosigkeit - um 7,4 % vermindert.

| Typ des Effekts | $\alpha_i$-Koeffizient | ß-Koeffizient | Beispiel $\alpha_i=1,08$ |
|---|---|---|---|
| Richtung des Effekts | $\alpha_i>1$ positiv | $ß_i>0$ | |
| | $\alpha_i=1$ kein Effekt | $ß_i=0$ | positiver Effekt |
| | $\alpha_i<1$ negativ | $ß_i<0$ | |
| Zuwachs der Rate für $\Delta x_i=1$ | Rate verändert sich um $(\alpha_i-1).100$ % | natürlicher Logarithmus der Rate verändert sich um $ß_i$ | 8 % Zuwachs |
| Effekt auf erwartete Verweildauer __bei__ __zeitunabhängiger__ __Rate__ für $\Delta x_i=1$ | erwartete Verweildauer E(T) ändert sich um $(\frac{1}{\alpha_i}-1).100$ % | natürlicher Logarithmus der erwarteten Verweildauer ändert sich um $-ß_i$ | 7,4 % Verminderung |

__Tabelle 9:__ Interpretation der Koeffizienten

Die Interpretation der ß-Koeffizienten bezüglich der Richtung des Effekts folgt aus der Beziehung $ß_i=\ln \alpha_i$. Ist $\alpha_i$ z.B. 1,08, so hat $ß_i$ den Wert 0,077. Für Werte von $\alpha_i<1$ ist $ß_i$ dagegen kleiner als null, d.h. der Effekt wäre negativ. Der Effekt auf den Zuwachs des natürlichen Logarithmus der Rate ist anhand von Gleichung (66) erkennbar, und die Interpreta-

- 123 -

tion von $\beta_i$ bezüglich des Einflusses auf die Verweildauer
folgt aus der Beziehung:

$$(70) \quad \ln E(T) = \ln\left(\frac{1}{r}\right) = -\ln r = -\beta_0 - \beta_1 x_1 - \beta_2 x_2 - \ldots - \beta_m x_m.$$

Wie bereits in Kap.4 erwähnt, erleichtert eine einfache grobe
Faustregel mitunter die Abschätzung der Effekte.Für $\beta$-Koeffi-
zienten nahe null oder $\alpha$-Koeffizienten nahe 1 gilt ungefähr:

$$(71) \quad \alpha_i \cong 1 + \beta_i$$

Und für den Effekt auf die Verweildauer ist die Abschätzung
nach folgender Näherungsformel möglich:

$$(72) \quad \%\text{-Effekt auf } E(T) \cong -\beta_i \cdot 100$$

Bei einem $\beta_i$-Wert von 0,08 kann man also sofort sagen: $\alpha_i$ ist
ungefähr 1,08, der Effekt auf die Rate somit 8 % und der Effekt auf die mittlere Verweildauer ungefähr -8 %. Bei Werten
von $\beta_i$ absolut größer als 0,10 wird die Faustregel allerdings
sehr ungenau.

Wie werden nun die Parameter an empirischen Daten geschätzt?
Da die Rate keine beobachtbare Größe darstellt, können die Koeffizienten in Gleichung (65) nicht wie z.B. bei der Regressionsanalyse geschätzt werden. Man könnte auf die Idee kommen,
auf der Basis von Gleichung (69) eine Regressionsschätzung mit
der beobachteten Verweildauer als abhängiger Variable durchzuführen. Diese Schätzung wäre jedoch weniger gut, da wegen der
zensierten Beobachtungen ein starker Bias auftreten kann. Die
Schätzprobleme können jedoch mit der Maximum-Likelihood-Methode
gelöst werden (TUMA 1979, TUMA und HANNAN 1979). Dazu betrachten wir
im folgenden Abschnitt zunächst den Fall qualitativer Kovariate.

## 5.1.2. <u>Qualitative Variablen als Kovariate</u>

Bei dem Spezialfall der Untersuchung des Einflusses von m dichotomen Variablen mit der Codierung 0/1 (sogenannten Dummy-Variablen) auf die Übergangsrate existieren einfache Schätzformeln, so daß die Koeffizienten per Hand oder mittels Taschenrechner ermittelt werden können.

Qualitative Variablen mit mehr als zwei Ausprägungen müssen zuvor in R-1 Dummy-Variablen umgeformt werden, wenn R die Anzahl der Ausprägungen bezeichnet (vgl. auch Kap.4).

Der Einfachheit halber gehen wir im folgenden von einer Gleichung mit einer Dummy-Variablen aus. Dies entspricht dem Vergleich von zwei Gruppen:

$$(73) \quad r = e^{\beta_0 + \beta_1 x_1} = \alpha_0 (\alpha_1)^{x_1}$$

Hat $x_1$ die Ausprägung 0, so gilt für die 0-Gruppe:

$$(74) \quad r^{(0)} = e^{\beta_0} = \alpha_0$$

$\alpha_0$ ist allgemein immer die Rate für die Referenzgruppe, bei der alle Dummy-Variablen den Wert 0 aufweisen. Für $x_1 = 1$ wird der Wert der Referenzgruppe mit $\alpha_1$ multipliziert:

$$(75) \quad r^{(1)} = e^{\beta_0 + \beta_1} = \alpha_0 \cdot \alpha_1$$

Nehmen wir an, in einem Experiment zur Untersuchung kulturspezifischer Einflüsse auf die Aggression im Straßenverkehr wurde gemessen, nach wieviel Sekunden eine Reaktion (Hupen) erfolgt, wenn ein Fahrzeug den Verkehr blockiert. Die Dummy-Variable könnte dann zwei Städte unterschiedlicher Kulturkreise bezeichnen (z.B. $x_1 = 0$ ist Wien, $x_1 = 1$ ist Stockholm).

Oder aber man untersucht im Rahmen einer <u>Evaluierungsstudie</u> den Einfluß von zwei Strafanstaltstypen ($x_1$=O ist eine kustodiale Anstalt, $x_1$=1 ist eine Reformanstalt) auf die Rückfälligkeit. Gemessen wird hierbei die Zeit in Monaten bis zum Rückfalldelikt. Als drittes Beispiel könnte man sich vorstellen, daß für zwei Gruppen von Arbeitslosen (Gruppe O hat eine Ausbildung absolviert, Gruppe 1 ist ohne Ausbildung) die Verweildauer im Zustand der Arbeitslosigkeit in Monaten erhoben wird.

Ein für alle drei Beispiele passender (fiktiver) Datensatz könnte die folgenden Ankunftszeiten enthalten:

Gruppe O: 1,1,1,2,2,3,4,6+,8,13
Gruppe 1: 1,2,2,3+,5+,8,12+,19,28

Ein "+" bezeichnet zensierte Zeiten. Die Zustandsvariable hat hier den Wert O, andernfalls den Wert 1. Bei Gruppe O weist $x_1$ den Wert O, bei Gruppe 1 den Wert 1 auf. Unter Berücksichtigung dieser Konventionen kann der Datensatz in einen im Prinzip maschinenlesbaren Datenfile übersetzt werden, wie ihn Tabelle 10 zeigt. Betrachten wir z.B. Fall 8. Hier wurde eine Ankunftszeit von 19 bis zum Eintreten des Ereignisses gemessen (Zustand=1). Ferner gehört Person 8 zur Gruppe 1 ($x_1$=1).

Tabelle 10 zeigt den Datenfile und das Modell. Für uns stellt sich nun das Problem der Schätzung der beiden Parameter $\alpha_0$ und $\alpha_1$ (bzw. $\beta_0$ und $\beta_1$).

Die Maximum-Likelihood-Methode liefert in unserem speziellen Fall einfache Schätzformeln. Gehen wir von der Likelihood-Funktion (26) in Kap.2.4. aus und berücksichtigen wir dabei unsere Ratenfunktion (73). Das Resultat der Maximierung der Likelihood-Funktion in Bezug auf die Parameter $\alpha_0$ und $\alpha_1$ sind die beiden folgenden Schätzformeln (siehe zur Ableitung Anhang 3):

| Fallnummer | Verweildauer* | Zustand** | $x_1$ |
|---|---|---|---|
| 1 | 2 | 1 | 0 |
| 2 | 4 | 1 | 0 |
| 3 | 8 | 1 | 1 |
| 4 | 3 | 1 | 0 |
| 5 | 2 | 1 | 1 |
| 6 | 12 | 0 | 1 |
| 7 | 1 | 1 | 0 |
| 8 | 19 | 1 | 1 |
| 9 | 1 | 1 | 0 |
| 10 | 2 | 1 | 0 |
| 11 | 6 | 0 | 0 |
| 12 | 5 | 0 | 1 |
| 13 | 2 | 1 | 1 |
| 14 | 13 | 1 | 0 |
| 15 | 1 | 1 | 1 |
| 16 | 8 | 1 | 0 |
| 17 | 1 | 1 | 0 |
| 18 | 3 | 0 | 1 |
| 19 | 28 | 1 | 1 |

* Zeit bis zum Eintreten des Ereignisses oder bis zum Abbruch der Beobachtung

** Zustand, in dem sich die Person am Ende der Beobachtungsperiode befindet. "0" indiziert eine zensierte Beobachtung, "1" einen Zustandswechsel. Aller Personen befanden sich vorher im Zustand 0.

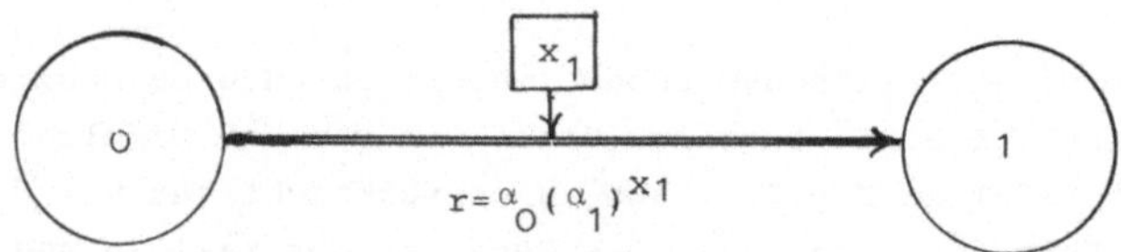


Tabelle 10: Hypothetischer Datenfile mit einer unabhängigen Dummy-Variablen $x_1$ für das Zwei-Zustands-Modell

$$(76) \quad \hat{\alpha}_O = \frac{N_O}{V_O + W_O} = \frac{N_O}{T_O}$$

$$(77) \quad \hat{\alpha}_1 = \frac{N_1}{V_1 + W_1} / \hat{\alpha}_O = \frac{N_1}{T_1} / \hat{\alpha}_O$$

Da es sich bei $\hat{\alpha}_O$ und $\hat{\alpha}_1$ um Schätzwerte und nicht um die "wahren" Werte der Grundgesamtheit handelt, kennzeichnen wir wie in den vorhergehenden Kapiteln die Schätzungen mit dem Symbol "^". $N_O$ ist die Zahl der Ereignisse in der O-Gruppe, $V_O$ die Summe der Zeiten bei den nicht-zensierten, $W_O$ die Summe der Zeiten bei den zensierten Fällen und $T_O$ die Summe aller Zeiten in der O-Gruppe. Entsprechendes gilt für die 1-Gruppe.

Für unser Datenbeispiel erhalten wir die Schätzwerte:

$$\hat{\alpha}_O = \frac{9}{35+6} = 0,22$$

$$\hat{\alpha}_1 = \frac{6}{60+20} / 0,22 = 0,34$$

Wegen $\beta_i = \ln \alpha_i$ folgt: $\hat{\beta}_O = -1,52$ und $\hat{\beta}_1 = -1,07$. Der <u>Effekt auf die Rate</u> beträgt $(\alpha_1 - 1) \cdot 100$, also $-66$ %. M.a.W. ist die Übergangsrate in der 1-Gruppe um 66 % geringer als in der O-Gruppe.

Besonders anschaulich ist der <u>Effekt auf die mittlere Verweildauer</u> $= [(1/\alpha_1) - 1] \cdot 100$. Es zeigt sich, daß die mittlere Verweildauer in der 1-Gruppe 193 % höher ist als in der O-Gruppe. Natürlich können wir die Schätzungen der gruppenspezifischen Raten und mittleren Verweildauern auch direkt angeben. Wie oben erwähnt, haben die Raten die Form:

$$(78) \quad r^{(O)} = \alpha_O, \text{ also } \hat{r}^{(O)} = 0,22$$

$$(79) \quad r^{(1)} = \alpha_O \cdot \alpha_1, \text{ also } \hat{r}^{(1)} = 0,22 \cdot 0,34 = 0,075$$

Ferner wissen wir, daß die Raten im reziproken Verhältnis zur mittleren Verweildauer stehen:

$$(80)\quad E\big[T^{(0)}\big] = \frac{1}{r^{(0)}}, \quad \text{also} \quad \hat{E}\big[T^{(0)}\big] = \frac{1}{0,22} = 4,56$$

$$(81)\quad E\big[T^{(1)}\big] = \frac{1}{r^{(1)}}, \quad \text{also} \quad \hat{E}\big[T^{(1)}\big] = \frac{1}{0,075} = 13,33$$

Die mittlere Verweildauer ist in der Gruppe 1 also erheblich länger als in der Gruppe O. Für das Beispiel der Strafvollzugsevaluierung würde dies bedeuten, daß die Reformanstalt einen positiven Effekt auf die mittlere Verweildauer bis zum Rückfall (und einen negativen Effekt auf die Rate) ausübte. Man erkennt auch, daß die Survival-Analyse wichtige Kennziffern zur Beurteilung des Effekts von Maßnahmen beisteuert. Ohne die Akzeptierung eines bestimmten Survival-Modells wäre die Schätzung der mittleren Verweildauer wegen der zensierten Beobachtungen ja nicht möglich gewesen.

Schließlich läßt sich auch die gesamte erwartete Überlebensfunktion G(t) für jede Gruppe berechnen (sowie F(t) und deren Dichte f(t)). In unserem Fall:

$$(82)\quad \hat{G}^{(0)}(t) = e^{-\hat{r}^{(0)} \cdot t} = e^{-0,22 \cdot t}$$

$$(83)\quad \hat{G}^{(1)}(t) = e^{-\hat{r}^{(1)} \cdot t} = e^{-0,075 \cdot t}$$

Für jeden Zeitpunkt t kann für jede Gruppe aufgrund der beiden Formeln der Anteil der "Überlebenden" berechnet und graphisch veranschaulicht werden (siehe Abbildung 15). Hier sieht man eine der Stärken der Modellkonstruktion: Mit Hilfe des Modells ist eine Vielzahl informativer Folgerungen ableitbar. Allerdings ist auch der kritische Punkt, die empirische Angemessenheit der Modellannahmen, im Auge zu behalten.

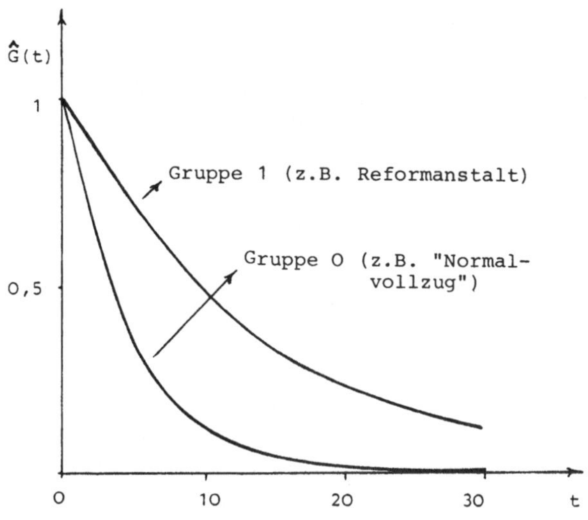



**Abbildung 15:** Erwartete gruppenspezifische Überlebensfunktionen


Als weiteres Problem stellt sich die inferenzstatistische
Frage nach der <u>Signifikanz</u> der Effekte und der Berechnung von
<u>Konfidenzintervallen</u>. Die Maximum-Likelihood-Theorie weiß auch
auf diese Fragen eine Antwort (KALBFLEISCH und PRENTICE 1980,
Kap.3). Es läßt sich nachweisen, daß die Parameterschätzungen
asymptotisch normalverteilt sind mit dem folgenden Standard-
schätzfehler oder "Standarderror" für $\hat{\beta}_1$ (Standardabweichung

SE der Stichprobenverteilung von $\hat{\beta}_1$):

$$(84) \quad SE(\hat{\beta}_1) = \sqrt{\frac{N_0 + N_1}{N_0 \cdot N_1}} = \sqrt{\frac{9+6}{9 \cdot 6}} = 0,53$$

Bei einer Normalverteilung weiß man, daß 95 % der Fläche im Bereich von ungefähr 2 (genau: 1,96) Standardabweichungen liegen. Für $\beta_1$ berechnet sich daher das folgende Konfidenz-intervall:

Konfidenzintervall für $\beta_1 = \hat{\beta}_1 \pm 1,96 \cdot SE(\hat{\beta}_1) = -1,07 \pm 1,04$

Wenn kein Gruppeneinfluß existiert, also $r^{(0)} = r^{(1)}$, lautet die Nullhypothese: $\beta_1 = 0$. Zum Test der Nullhypothese kann man entweder vom Konfidenzintervall ausgehen und danach fragen, ob der Nullpunkt im Konfidenzintervall liegt. Man sieht, daß das bei unserem Beispiel nicht der Fall ist, daß also $\hat{\beta}_1$ bei einer Irrtumswahrscheinlichkeit von 5 % gerade noch signifikant ist. Äquivalent hiermit ist die zweite Vorgehensweise. Man berechnet zunächst den standardisierten z-Wert:

$$(85) \quad z = \frac{\hat{\beta}_1}{SE(\hat{\beta}_1)} = \frac{1,07}{0,53} = 2,02.$$

Sodann wird dieser Wert mit dem kritischen $z\alpha$-Wert ($z_{0,05} = 1,96$) verglichen, wobei ein gerade noch signifikanter Gruppeneinfluß erkennbar wird. [1]

Die Untersuchung von zwei Gruppen läßt sich ohne Schwierig-keiten auf die Analyse von m+1 Gruppen bzw. m Dummy-Variablen verallgemeinern. Die Schätzformeln lauten im allgemeinen Fall für die Gleichung $r = \alpha_0 \alpha_1^{x_1} \alpha_2^{x_2} \ldots \alpha_m^{x_m}$:

---

[1] Ein weiterer Test ist der Likelihood-Ratio-Test. Die For-mel für den Gruppenvergleich findet sich in KALBFLEISCH und PRENTICE 1980, S.53. Siehe dazu auch den folgenden Abschnitt.

$$(86) \quad \hat{\alpha}_O = \frac{N_O}{V_O + W_O}$$

$$(87) \quad \hat{\alpha}_i = \frac{N_i}{V_i + W_i} / \hat{\alpha}_O \qquad (i \neq O)$$

$$(88) \quad \hat{r}^{(i)} = \frac{N_i}{V_i + W_i}$$

Anhand der Schätzformel für die Rate erkennt man, daß die
Ignorierung der zensierten Beobachtungen ($W_i = O$) zu einer Überschätzung der Rate und somit zu einer Unterschätzung der erwarteten Verweildauer führt (siehe dazu auch TUMA und HANNAN
1979). Im Strafvollzugsbeispiel erhielte man eine verzerrte
Schätzung der mittleren Verweildauer in der O-Gruppe von 3,89
Monaten und in der 1-Gruppe von 10 Monaten (anstelle von 4,56
bzw. 13,33 Monaten). Auch bei der Behandlung der zensierten
Beobachtungen als exakte Zeiten - eine zensierte Zeit von z.B.
zehn Monaten wird wie ein Rückfall nach zehn Monaten einge-
stuft - wird die Rate über- und die mittlere Verweildauer
unterschätzt. In diesem Fall ist der Zähler von (88) größer
als bei korrekter Behandlung zensierter Zeiten. Wie man leicht
nachrechnen kann, ergäbe sich eine Schätzung der mittleren
Verweildauer von 4,10 bzw. 8,89 Monaten. Das größere Ausmaß
der Unterschätzung in der 1-Gruppe ist darauf zurückzuführen,
daß sich hier mehrere zensierte Beobachtungen im Zähler von
(88) bemerkbar machen. In der 1-Gruppe sind ja ein Drittel
der Fälle zensierte Beobachtungen.

Wie schon erwähnt, ist bei parametrischen Verfahren der kritische Punkt immer die Akzeptierung der Modellannahmen. Sowohl die deduzierten Folgerungen, als auch die Schätzformeln
und die inferenzstatistischen Tests sind nur gültig, wenn das
gewählte Modell angemessen ist. Zur Prüfung der Annahmen aber
kann auf nicht-parametrische Verfahren zurückgegriffen werden.
So kann die nicht-parametrische Analyse beispielsweise dar-

über Aufschluß geben, ob das Modell mit zeitunabhängiger Rate
eine zutreffende Beschreibung der Daten liefert. Der natürliche Logarithmus der nicht-parametrisch geschätzten Überlebensfunktion müßte dann für jede Gruppe im Zeitdiagramm als
Gerade mit negativer Steigung darstellbar sein (vgl. Abschnitt
5.2 ).

5.1.3. Qualitative und quantitative Kovariate: Berechnungen
       mit dem Programm RATE

Die bisherige Auswertung der in den Kapiteln 3 und 4 erwähnten Stichprobe österreichischer Arbeitsloser hat ergeben, daß
die kumulative Hazardrate während der ersten Monate einigermaßen linear verläuft. Da nach 20 Wochen aus institutionellen
Gründen Strukturbrüche in den Daten erkennbar sind, beschränken wir uns bei der Schätzung auf die ersten 140 Tage. Wir
wollen für diesen Zeitraum die Kovariateneinflüsse im Rahmen
eines vollparametrischen Modells neu schätzen und betrachten
dabei alle Zeiten, welche größer als 140 sind, als am 140.Tag
zensiert. Abbildung 16a veranschaulicht noch einmal die Ereignisdaten  anhand von zwei typischen Fällen, Abbildung 16b
informiert über den Aufbau des Datenfiles.

Betrachten wir als Beispiel den nicht-zensierten Fall 1 (Abbildung 16b): Das Alter beträgt 24 Jahre, Sozialkategorie Angestellter, Geschlecht männlich, Arbeitslosengeld 6.320 öS,
Zielzustand=1, also nicht-zensierte Beobachtung, Wiederbeschäftigung erfolgt nach 89 Tagen.

Bezogen auf den Prozeß sind alle Kovariate zeitunabhängig:so-
wohl das Lebensalter als auch die Höhe der Arbeitslosenunterstützung wurden zu einem bestimmten Stichtag ermittelt. Abbildung 16c veranschaulicht die Hypothesen. Wir nehmen an,
daß das Alter und die Sozialkategorie (Codierung für Angestellte 1) einen negativen und das Geschlecht (Codierung für

a) <u>Ereignisdaten</u>

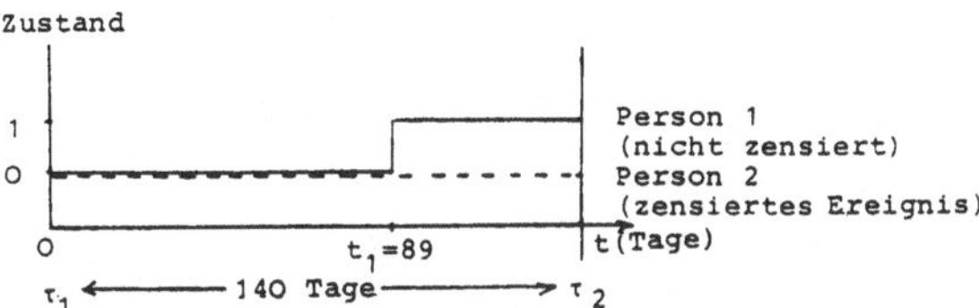



b) <u>Datenfile</u>

| Fall Nr. | Alter $(x_1)$ | Sozialkategorie* $(x_2)$ | Sex $(x_3)$ ** | Argeld $(x_4)$ *** | Zielzustand | Verweildauer im Zustand 0 (Tage) |
|---|---|---|---|---|---|---|
| 1 | 24 | 1 | 1 | 6320 | 1 | 89 |
| 2 | 45 | 0 | 0 | 3940 | 0 | 140 |
| . | | | | | | |
| . | | | | | | |
| . | | | | | | |
| 1055 | | | | | | |

* 0 = Arbeiter      ** 0 = weiblich      *** Höhe der Arbeitslosenunterstützung plus sonstige Transferzahlungen in österreichischen Schilling pro Monat
  1 = Angestellte      1 = männlich

c) <u>Modell</u>

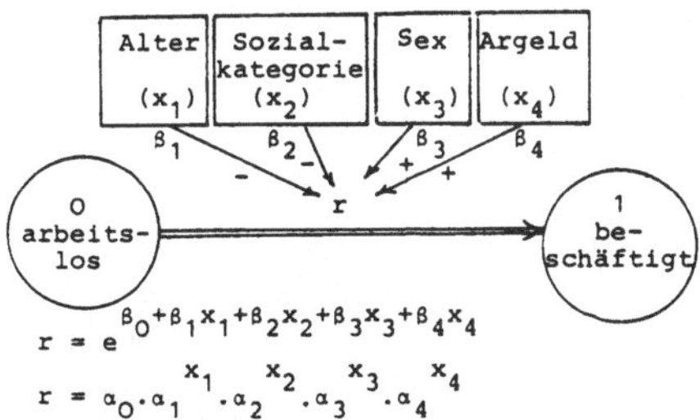



$$r = e^{\beta_0 + \beta_1 x_1 + \beta_2 x_2 + \beta_3 x_3 + \beta_4 x_4}$$

$$r = \alpha_0 \cdot \alpha_1^{x_1} \cdot \alpha_2^{x_2} \cdot \alpha_3^{x_3} \cdot \alpha_4^{x_4}$$

<u>Abbildung 16:</u>  Modell und Datenmuster

Männer 1) einen positiven Einfluß auf die Rate haben. Bei der
Höhe der Arbeitslosenunterstützung gehen wir von einem positiven Effekt aus.

Natürlich handelt es sich hierbei  streng genommen nicht mehr
um einen deduktiven Test, wenn die Hypothesen im Einklang mit
den nicht-parametrischen Ergebnissen formuliert werden.
Zur Prüfung der Hypothesen formulieren wir eine Gleichung mit
zeitunabhängiger Rate:

$$(89) \quad r = e^{\beta_0 + \beta_1 x_1 + \beta_2 x_2 + \beta_3 x_3 + \beta_4 x_4}, \text{ oder in der "}\alpha\text{-Schreibweise":}$$

$$(90) \quad r = \alpha_0 \cdot \alpha_1^{x_1} \cdot \alpha_2^{x_2} \cdot \alpha_3^{x_3} \cdot \alpha_4^{x_4}$$

Hierbei bedeuten:

$x_1$ = Lebensalter in Jahren

$x_2$ = Sozialkategorie (Arbeiter=0, Angestellte=1)

$x_3$ = Geschlecht (weiblich=0, männlich=1)

$x_4$ = Höhe der monatlichen Arbeitslosenunterstüzung in öS.

Im Unterschied zum Spezialfall von Gruppenvergleichen sind nur
die Variablen $x_2$ und $x_3$ qualitativ, während die Variablen $x_1$
und $x_4$ quantitativen Charakter aufweisen. Dieser Unterschied
macht sich rechentechnisch stark bemerkbar.

Zur Schätzung der Parameter wird beim Zwei-Zustands-Modell
(mit zeitunabhängiger Rate) wiederum von der Likelihood-Funktion (26) in Kap.2.2. ausgegangen, wobei für r die Ratengleichung (89) eingesetzt wird. Die Maximierung der Likelihood-
Funktion in Bezug auf die Parameter $\beta_0, \beta_1, \beta_2, \beta_3$ und $\beta_4$ liefert jedoch nicht so einfache Schätzformeln wie bei rein qua-
litativen Kovariaten. Vielmehr benötigt man iterativ arbei-
tende Computerroutinen, die bei gegebenen Daten das Maximum
der Likelihood-Funktion suchen. Ein Computerprogramm, das bei
verschiedensten Arten von Modellen diese Leistung erbringt,
ist TUMAS Programm RATE (TUMA 1979).

Dabei benutzt RATE eine Variante des klassischen Newton-Ver-
fahrens, die von GILL und MURRAY vorgeschlagen wurde (TUMA
1979). Normalerweise braucht sich der Anwender aber nicht mit
den speziellen Iterationsverfahren zu befassen. Wer an einem
Überblick zu verschiedenen Optimierungsalgorithmen interessiert
ist, sei auf das Buch von MURRAY (1972) verwiesen. Nur einen
Punkt sollte auch der Benutzer der Programme im Auge behalten.
Wenn die Likelihood-Funktion mehrere Maxima aufweist, kann kein
Programm garantieren, daß die erzielte Lösung wirklich das
globale Maximum ist. Vielmehr können die berechneten Werte
nur ein suboptimales lokales Maximum darstellen. Bildlich gesprochen hätte man in diesem  Fall bezogen auf einen dreidi-
mensionalen Raum (Likelihood-Funktion mit zwei Parametern)
nur einen Nebenhügel erklommen und nicht den höchsten Berg
der "Likelihoodlandschaft". Wenn man jedoch die iterativen
Berechnungen mit unterschiedlichen Startwerten durchführt,
erkennt man leicht, ob eventuell mehrere Maxima existieren.
Praktisch heißt dies nur, daß man das Programm RATE mehrfach
startet, wobei man jeweils andere Startwerte für die zu
schätzenden Parameter eingibt. Unterläßt man die Eingabe von
Startwerten (wie in dem Beispiel in Tabelle 11), so werden
diese von RATE automatisch bestimmt. In diesem Fall kann man
aber auch nicht testen, wie stabil die Lösung ist.

Die Anwendung von RATE ist sehr leicht erlernbar.[1] Das Programm zur Schätzung der Koeffizienten unseres Modells ist mit
kurzen Kommentaren versehen in Tabelle 11 wiedergegeben.

---

[1] Die Programmbeschreibung von RATE2 (TUMA 1979) sowie das
Programm selbst ist beim "Zentrum für Umfrageforschung in
Mannheim e.V.(ZUMA)" erhältlich. Die Anschrift lautet: D-
6800 Mannheim, B2,1. In Vorbereitung ist inzwischen eine
wesentlich verbesserte Version RATE 3. Siehe dazu auch
weiter unten.

| Programm | Kommentar |
|---|---|

```
❷RUN ANDYO1,IHS-S4711,DIEKMANN
❷SYM PRINT$,1,I9
❷ASG,AZ ARSURV
❷USE 4,ARSURV
❷ASG,AZ RATE*RATE2
❷XQT RATE*RATE2.RATE
```

Rechnerspezifische Steuerkarten zum Aufruf des Programms. Hier: UNIVAC 1100/81

| | | |
|---|---|---|
| RUN NAME | ARBEIT | Beliebiger Titel |
| N OF CASES | 1055 | Fallzahl |
| VARIABLES | 7 | Zahl der Variablen auf der Lochkarte |

| | | |
|---|---|---|
| ALT | 2 | Position der Variablen Alter, Sozialkategorie, Geschlecht, Arbeitslosengeld, Zielzustand und der beobachteten Ankunftszeit auf der Lochkarte |
| SOZ | 3 | |
| SEX | 4 | |
| ARGELD | 5 | |
| ZUSTAND | 6 | |
| ZEIT | 7 | |

READ DATA      1

"1" besagt, daß Event-History-Daten eingelesen werden. Die Daten werden über die logische Gerätenr.4 eingelesen. (Hierfür ist eine rechnerspezifische Steuerkarte erforderlich. Bei UNIVAC eine USE 4-Karte. Die Daten sind wie in Abbildung 16b auf dem Datenfile ARSURV angeordnet.)

(F4.0,F2.0,2F1.0,F5.0,F1.0,F3.0)

Formatangabe für alle sieben Variablen auf der (logischen) Lochkarte im FORTRAN-Format.

T AND S      7 6

Position der Verweildauer-Variablen ZEIT (7) und der Zielzustands-Variablen (6).

Tabelle 11: RATE - Programm für das Beispiel in Abbildung 16

| MODEL | A=1 | A=1 bedeutet, daß ein log-lineares Modell für die Ko-variate spezifiziert wird. |
|---|---|---|
| VECTOR | (1) 2 3 4 5 | Angabe der Position der Kova-riate auf der Lochkarte für das Modell A=1. (1) bezieht sich auf die Vektor-Nr., in unserem Beispiel auf den er-sten und einzigen Vektor. |
| SOLVE | | Mit diesem Befehl beginnt RATE die Berechnungen. |
| FINISH | | |

Tabelle 11: Fortsetzung

Neben anderen Informationen (zu Einzelheiten siehe die Pro-grammbeschreibung TUMA 1979) druckt RATE die uns hier vor allem interessierenden Werte der $\hat{\beta}$- und $\hat{\alpha}$-Koeffizienten (in der Sprache von RATE die "Parameter" $\hat{\beta}_i$ und die "Antilogs of the parameter" $\hat{\alpha}_i$) sowie die Standardfehler aus. Für unsere Stichprobe wurden die Werte in Tabelle 12 berechnet:

| | $\hat{\beta}_i$ | Standard-fehler $\hat{\beta}_i$ | F-Werte | $\hat{\alpha}_i$ | Standard-fehler $\hat{\alpha}_i$ |
|---|---|---|---|---|---|
| Konstante | -3,74 | 0,138 | 731,48 | 0,0238 | - |
| Lebens-alter $x_1$ | -0,0329 | 0,00322 | 104,97 | 0,968 | 0,00311 |
| Sozialka-tegorie $x_2$ | -0,739 | 0,0823 | 80,59 | 0,478 | 0,0393 |
| Geschlecht $x_3$ | 0,153 | 0,0731 | 4,38 | 1,17 | 0,0851 |
| Arbeitslo-sengeld $x_4$ | 0,000154 | 0,0000247 | 38,69 | 1,00015 | 0,0000247 |

Tabelle 12: Schätzwerte der β- und α-Koeffizienten sowie der Standardfehler

Wie anhand des Vorzeichens der $\hat{\beta}$-Koeffizienten in Tabelle 12
erkennbar,ist der Geschlechtseffekt positiv und der Effekt
des Lebensalters negativ. Der $\hat{\beta}$-Koeffizient für die Sozialkategorie ist dagegen positiv. Angestellte sind also in der
Regel länger arbeitslos als Arbeiter. Möglicherweise ist bei
Arbeitern die Fluktuation sowohl bei der Beschäftigung als
auch im Zustand der Arbeitslosigkeit relativ hoch. Diese
Idee könnte verständlich machen, daß Arbeiter kürzere Verweildauern aufweisen als Angestellte. Zur Prüfung der Hypothese benötigten wir allerdings Ereignisdaten, die für einen
längeren Zeitraum über Episoden der Beschäftigung und Arbeitslosigkeit Aufschluß geben.

Die Höhe des Arbeitslosengeldes hat einen positiven Effekt
auf die Rate. Der Grund hierfür ist möglicherweise, daß Arbeitslose mit höherem Arbeitslosengeld eher diejenigen Berufe
ausüben, die eine höhere Chance der Wiederbeschäftigung garantieren. Um letztere Behauptung zu überprüfen, wäre eine
erneute Analyse unter Kontrolle der Variablen  Qualifikation
ratsam.

Sowohl anhand der Standardfehler als auch der F-Werte ($df_1$=1,
$df_2$=Fallzahl) ist ablesbar, daß alle Kovariate signifikante
Effekte aufweisen.[1] Die $\hat{\beta}$-Koeffizienten dividiert durch den
Standardfehler sind wesentlich größer als 2. Nur der Parameter für den Geschlechtseffekt liegt (bei einer Irrtumswahrscheinlichkeit von 0,05) gerade an der Signifikanzgrenze (im
semi-parametrischen Modell war dieser Effekt nicht signifikant).

Das Programm druckt auch die Standardfehler der $\hat{\alpha}$-Koeffizien-
ten. Hier ist zu berücksichtigen, daß der Nullhypothese $\beta_i$=0
die Nullhypothese $\alpha_i$=1 entspricht. Daher sollte zur Verwer-

---

[1]  Die F-Werte berechnen sich nach der Formel:
$F=(\hat{\beta}_i/\text{Standardfehler})^2$.

fung der Nullhypothese der Quotient $(\hat{\alpha}_i-1)$ dividiert durch den Standardfehler größer als 2 sein (bezogen auf eine Irrtumswahrscheinlichkeit von 0,05).

Betrachten wir jetzt noch das quantitative Ausmaß der Effekte auf die Rate und die mittlere Verweildauer (Tabelle 13).

| | $\hat{\alpha}_i$ | %-Effekte auf die Rate | %-Effekte auf die mittlere Verweildauer | Signifikanz** |
|---|---|---|---|---|
| Lebens-alter $x_1$ | 0,968 | -3,2 | +3,3 | + |
| Sozialka-tegorie $x_2$ | 0,478 | -52,2 | +109,2 | + |
| Geschlecht $x_3$ | 1,17 | +17,0 | -14,5 | + |
| Arbeits-losengeld $x_4$ | 1,00015 | +0,015 (+15)* | -0,015 (-15)* | + |

* pro Tausend Schilling      ** Irrtumswahrscheinlichkeit=0,05

<u>Tabelle 13:</u> Stärke der Effekte auf die Rate und die Verweildauer

Ein zusätzliches Lebensjahr erhöht die Dauer der Arbeitslosigkeit im Durchschnitt um 3,3 %. Bei Angestellten erhöht sich die mittlere Verweildauer auf mehr als das Doppelte (109 %). Männer haben im Schnitt eine 14,5 % geringere Verweildauer, und pro 1.000 öS mehr Arbeitslosenunterstützung sinkt die mittlere Dauer der Arbeitslosigkeit um 15 %.

Mit Hilfe der folgenden beiden Gleichungen gestattet das Modell <u>Prognosen</u> der Übergangsrate und der mittleren Dauer der Arbeitslosigkeit für beliebige Kombinationen von unabhängigen Variablen, also für hypothetische Gruppen von Arbeitslosen:

$$(91) \quad \hat{r} = (0,0238) \cdot (0,968)^{X_1} \cdot (0,478)^{X_2} \cdot (1,17)^{X_3} \cdot (1,00015)^{X_4}$$

Da die erwartete Verweildauer der reziproke Wert der Rate ist, ergibt sich für $\hat{E}(T)$:

$$(92) \quad \hat{E}(T) = (42,02) \cdot (1,033)^{X_1} \cdot (2,092)^{X_2} \cdot (0,855)^{X_3} \cdot (0,99985)^{X_4}$$

Nehmen wir als Beispiel zwei Extremgruppen. Gruppe 1 hat die Merkmale: Alter 45 Jahre, Angestellte, weiblich, 3.000 öS Arbeitslosengeld, und Gruppe 2 umfaßt männliche Arbeiter, 25 Jahre alt mit 6.000 öS monatlicher Unterstützung. Die Prognosegleichungen für $\hat{E}(T)$ lauten dann:

Gruppe 1: 
$$(93) \quad \hat{E}(T) = (42,02) \cdot (1,033)^{45} \cdot (2,092) \cdot (0,99985)^{3000} = 242$$

Gruppe 2: 
$$(94) \quad \hat{E}(T) = (42,02) \cdot (1,033)^{25} \cdot (0,855) \cdot (0,99985)^{6000} = 33$$

Die erwartete Dauer der Arbeitslosigkeit in Gruppe 1 beträgt somit 242 Tage, in Gruppe 2 sind es dagegen nur 33 Tage. Entsprechend können die Überlebensverteilungen $\hat{G}(t)$ sowie $\hat{F}(t)$ und $\hat{f}(t)$ für beliebige Gruppen prognostiziert werden. Auch hier zeigt sich der hohe Informationsgehalt empirisch validierter stochastischer Modelle.

Für $\hat{G}(t)$ lautet die Prognosegleichung:

$$(95) \quad \hat{G}(t) = e^{-\hat{r} \cdot t} = \exp\left[-(0,0238)(0,968)^{X_1}(0,478)^{X_2}(1,17)^{X_3} \cdot (1,00015)^{X_4} \cdot t\right]$$

Die Maximum-Likelihood-Methode gestattet ein weiteres infe-
renzstatistisches Testverfahren, mit dem einzelne Parameter
oder simultan Gruppen von Parametern auf Signifikanz geprüft
werden können. Aus der Likelihood-Theorie folgt, - wie schon
in Kap.4 angedeutet - daß die sogenannte Likelihood-Ratio
zweier gegeneinander zu testender Modelle näherungsweise $\chi^2$
verteilt ist:

$$(96) \quad \chi^2 \cong -2 \ln\left[\frac{L(\hat{\beta}^*)}{L(\hat{\beta})}\right], \quad \text{mit } df=u \text{ Freiheitsgraden.}$$

Der Likelihood-Ratio-Test basiert auf dieser Formel. $L(\hat{\beta}^*)$
ist dabei der maximale Wert der Likelihood-Funktion eines Modells mit u restringierten Parametern (Nullhypothese). "u restringierte Parameter" besagt normalerweise, daß u Parameter
als null angenommen werden (z.B. u=4 und $\beta_1=\beta_2=\beta_3=\beta_4=0$ in der
Ratengleichung (89)),aber auch andere Arten von Restriktionen,
etwa die Gleichsetzung von Parametern, sind denkbar. Die Alternativhypothese geht dagegen von einem nicht-restringierten
Modell aus (die Werte von $\beta_0,\beta_1,\beta_2,\beta_3,\beta_4$ werden nicht festgelegt). $L(\hat{\beta})$ ist der maximale Likelihood-Wert des alternativen Modells. Die obige Gleichung kann man auch folgendermaßen schreiben:

$$(97) \quad \chi^2 = 2\left[\ln L(\hat{\beta}) - \ln L(\hat{\beta}^*)\right]$$

Intuitiv läßt sich die Formel wie folgt deuten: $L(\hat{\beta}^*)$ ist
normalerweise das Produkt aus vielen Werten kleiner eins und
daher eine Zahl, die nahe bei null im positiven Bereich liegt.
Für den Likelihood-Wert der Alternativhypothese gilt ähnli-
ches, jedoch wird der Wert etwas größer sein, je nachdem wie
signifikant die freien Parameter sind. Die Logarithmen der
Likelihoods sind dann relativ hohe negative Werte, deren
Differenz mit zwei multipliziert den positiven $\chi^2$-Wert ergibt.

Dieser ist um so größer, je überlegener das alternative Modell ist, d.h. je größer der Wert der Differenz in der ecki-
gen Klammer ist.

Das Programm RATE druckt standardmäßig den natürlichen Logarithmus der maximalen Likelihood für die folgende  Nullhypothese aus: Alle $\beta_i$-Parameter bis auf die Konstante $\beta_0$ werden
als null angenommen, d.h. die Kovariate üben keinen Einfluß
aus. Der von RATE ausgedruckte Wert für die Alternativhypothese bezieht sich dagegen auf ein Modell, bei dem alle $\beta_i$-
Parameter als "frei" betrachtet werden. Ferner gibt RATE den
$\chi^2$-Wert für den simultanen Einfluß aller Kovariate an.

In unserem Beispiel ist u=4.RATE berechnet die folgenden
Werte:

$$\ln L(\hat{\beta}^*) = -4975,99 \quad \text{(Nullhypothese)}$$

$$\ln L(\hat{\beta}) = -4827,44 \quad \text{(Alternativhypothese)}$$

$$\chi^2 = 297 \text{ mit } df=4$$

Der gemeinsame Effekt aller vier Kovariate ist somit  hoch
signifikant. Setzt man die Likelihoods in Formel (97) ein, so
kann man nachprüfen, daß der $\chi^2$-Wert 297 beträgt.

Der Likelihood-Ratio-Test eröffnet darüber hinaus noch wesentlich mehr Möglichkeiten. So kann man beliebige Modelle
gegeneinander testen, sofern nur gewährleistet ist, daß das
Null-Modell durch Restriktionen aus dem Alternativ-Modell
hervorgeht (sogenannte "nested models").Z.B. könnte man danach fragen, ob die Variablen $x_3$ und $x_4$ gemeinsam einen zusätzlichen Effekt ausüben. Die Nullhypothese ist dann ein
Modell mit den angenommenen Effekten von $x_1$ und $x_2$, die Alternativhypothese ein Modell mit allen vier Kovariaten (df=
u=2). Auch die Frage, ob eine einzelne Variable einen zusätz-

lichen signifikanten Effekt hat, kann mit dem Likelihood-Ratio-Test beantwortet werden. Dies sei am Beispiel der Variable Alter ($x_1$) demonstriert. Die Nullhypothese lautet:

<u>Nullhypothese:</u> $\beta_1 = 0, \beta_2, \beta_3, \beta_4$ beliebig $(u=1)$

<u>Alternativhypothese:</u> $\beta_1 \neq 0, \beta_2, \beta_3, \beta_4$ beliebig

Zur Berechnung der maximalen Likelihoods für beide Hypothesen sind jetzt zwei RATE-Läufe erforderlich, da die "eingebaute Nullhypothese" des Programms sich ja immer darauf bezieht, daß alle Koeffizienten null sind. Wir berechnen daher zunächst den Likelihood-Wert für das Modell mit den Kovariaten $x_2, x_3, x_4$ und dann den Likelihood-Wert für das Modell mit allen vier Kovariaten. Das Programm liefert die Werte:

$$\ln L(\hat{\beta}^*) = -4886,19 \quad \text{Nullhypothese}$$
$$\ln L(\hat{\beta}) = -4827,44 \quad \text{Alternativhypothese}$$

Den $\chi^2$-Wert berechnen wir nach Formel (97):

$$\chi^2 = 2[-4827,44-(-4886,19)] = 118$$

Bei df=1 ist der Wert hoch signifikant, die Variable Alter hat also einen signifikanten zusätzlichen Einfluß, was bei dem hohen F-Wert in Tabelle 12 allerdings auch nicht überraschen wird.


## 5.2. <u>Parametrische Modelle der Zeitabhängigkeit</u>

In diesem Abschnitt betrachten wir Modelle, bei denen die Rate in parametrischer Weise von der Verweildauer abhängig ist - nicht hingegen von Kovariaten.

Das Modell einer konstanten Hazardrate (und die daraus resultierende Exponentialverteilung) dient in der Regel als

Nullhypothese ("kein spezifisches Entwicklungsmuster"), obwohl das Eintreten seltener, nicht koordinierter Ereignisse
durchaus diesem Modell entsprechen kann. Jenseits dieser Nullhypothese befindet sich der weite Bereich verschiedenartig-
ster Hazard-Verlaufsmuster, dessen Einschränkung auf die einfachsten funktionalen Formen immer noch die Operationalisie-
rung einer Vielzahl von Entwicklungshypothesen erlaubt. Die
einfachsten Entwicklungsalternativen umfassen monoton fallende
oder steigende Risiken. Auf der nächsten Stufe wären Zwei-Pha-
sen-Modelle mit zuerst zunehmendem, dann abnehmendem Risiko -
oder umgekehrt zuerst fallendes, dann steigendes Risiko - denkbar. Mit einer dazwischen eingeschobenen dritten Phase entspricht dieser letzte Typus recht gut dem altersspezifischen
Sterberisiko des Menschen:  Hohe, aber rasch abnehmende
Säuglingssterblichkeit, dann ein relativ konstantes Risiko
für einen längeren Zeitraum, schließlich erfolgt im Alter
wieder eine Zunahme des Risikos. Auch bei technischen Sta-
tistikern sind Modelle mit diesem "badewannenförmigen" Verlaufsmuster ("bathtub shaped hazard·function", siehe etwa
NELSON 1982) recht beliebt. Wir werden uns in den folgenden Abschnitten aber nur mit den für sozialwissenschaftliche
Anwendungen relevanteren Alternativen eines nur steigenden
oder nur fallenden oder erst steigenden, dann fallenden Risikos beschäftigen.

Die Softwareunterstützung für die parametrischen Verlaufs-
modelle ist eher dürftig, weder in SPSS noch in BMDP sind
einschlägige Routinen implementiert. RATE 2 erlaubt Parameterschätzungen für das Exponential-, Gompertz- und Gompertz-
Makeham-Modell, für RATE 3 ist die Möglichkeit der Parameterschätzung für praktisch beliebige Verteilungen geplant.

Auch im Rahmen des verallgemeinerten linearen Modells (GLIM, siehe
etwa ARMINGER 1984) sind Parameterschätzungen möglich, erfordern aber Vertrautheit mit der GLIM-Modellphilosophie. Da
es eine Reihe sehr einfacher, robuster graphischer Techniken
gibt, werden wir uns vor allem mit diesen beschäftigen.

## 5.2.1. Exponentialverteilung

Wie schon mehrfach erwähnt (Kap.2), führt die Annahme einer konstanten Hazardrate $r(t)=r$ zur Exponentialverteilung der Ankunftszeiten:

$$(98) \quad f(t)=re^{-rt}, \quad F(t)=1-e^{-rt}, \quad G(t)=e^{-rt}$$

Der Erwartungswert ("mittlere Lebensdauer") ist - wie wir wissen:

$$(99) \quad E(T)=1/r$$

und für die Varianz ergibt sich der gleiche Wert:

$$(100) \quad Var(T)=1/r$$

Damit läßt sich - bei vollständigen Daten - der Parameter r leicht aus dem Mittelwert der beobachteten Zeiten schätzen. Bei zensierten Daten ist der Maximum-Likelihood-Schätzwert der Rate der Quotient aus der Anzahl aller Ereignisse im Zähler und der Summe aller unzensierten und zensierten Ankunftszeiten im Nenner (siehe dazu auch Formel (88) in 5.1.2).

Implikationen des Modells mit konstanter Rate wurden in diesem Buch schon mehrfach diskutiert. Auf eine weitere Konsequenz des Modells sei an dieser Stelle hingewiesen. Vorausgesetzt, daß bis zu einem bestimmten Zeitpunkt t noch kein Ereignis eingetreten ist, ist die mittlere verbleibende Lebenszeit s(t) kurioserweise immer noch mit der mittleren Lebensdauer seit Beginn des Prozesses identisch. [1]

---

[1] Das Ergebnis folgt mit partieller Integration aus:
$$s(t)=\int_t^\infty (\tau-t)f(\tau|\tau \geq t)d\tau=\int_t^\infty \tau f(\tau|\tau \geq t)d\tau-t=1/r, \text{ wobei}$$
$$f(\tau|\tau \geq t)=r \exp(-r\tau)/\exp(-rt).$$

$$(101) \quad s(t) = E(T-t \mid T \geq t) = \frac{1}{r}$$

Wenn beispielsweise bei Ereignissen wie Arbeitsunfällen die konstante Rate einen Wert von 0,1 bezogen auf die Zeitmessung in Jahren hat, so hat ein Arbeiter bei Beginn der Beschäftigung eine erwartete unfallfreie Periode von 10 Jahren vor sich. Das gleiche gilt aber auch für jemanden, der schon 10, 20 oder 30 Jahre lang in dem Betrieb tätig ist, vorausgesetzt das Unfallrisiko bleibt im Zeitablauf unverändert. Auf diese Eigenschaft, welche das Exponentialmodell exklusiv besitzt, sind die gebräuchlichen Bezeichnungen "no aging" oder "memory loss" zurückzuführen.

## 5.2.2. Weibullverteilung

Die Weibullverteilung kann als Verallgemeinerung der Exponentialverteilung angesehen werden. Ihre Hazardfunktion enthält zwei Parameter $\lambda > p$, $p > 0$:

$$(102) \quad r(t) = \lambda p (\lambda t)^{p-1}.$$

Der wichtigste Grund für die Beliebtheit dieser Verteilung ist wohl ihre Flexibilität. Die Hazardfunktion (102) ist für $p < 1$ monoton abnehmend, für $p > 1$ monoton zunehmend, $p = 1$ entspricht dem Exponentialmodell mit konstanter Rate $r(t) = \lambda$ (siehe Abbildung 17). Mit diesem Modell läßt sich daher insbesondere die Nullhypothese einer konstanten Hazardrate ($p = 0$) gegen monotone Alternativen ($p < 0$ oder $p > 0$) testen. Für die Ankunftszeitverteilung gilt:

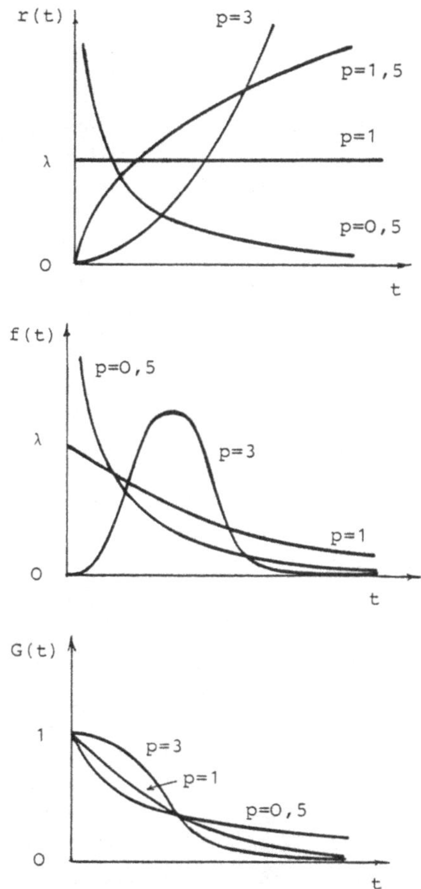


Abbildung 17: Hazardfunktion, Dichte und Überlebensfunktion der Weibullverteilung

$$(103) \quad f(t) = \lambda p (\lambda t)^{p-1} \exp\left[-(\lambda t)^p\right]$$

$$(104) \quad F(t) = 1 - \exp\left[-(\lambda t)^p\right]$$

$$(105) \quad G(t) = \exp\left[-(\lambda t)^p\right].$$

Aus (104) läßt sich ableiten, daß der reziproke Wert des Parameters $\lambda$ das $100 \cdot (1-1/e) = 63,2$te Perzentil der Überlebensverteilung ist. Dies erkennt man leicht, wenn man in (104) t durch $1/\lambda$ ersetzt.

Wie im nächsten Abschnitt gezeigt wird, gibt es auch eine andere Begründung der Weibullverteilung, nämlich als Extremwertverteilung.

### 5.2.3. <u>Weibullverteilung und Gompertz-Makeham-Verteilung als Extremwertverteilungen</u>

Extremverteilungen sind bei der Modellierung von Lebensdauerprozessen recht beliebt, weil sie nicht nur sehr flexibel sind und auf beobachtete Werte oft sehr gut passen, sondern auch eine Herleitung aus Beziehungen zwischen der Mikro- und Makroebene erlauben. So wie eine Kette eben dann reißt, wenn ihr schwächstes Glied in die Brüche geht, kann bei komplexen, aus vielen Komponenten zusammengesetzten Systemen der Ausfall einer einzigen Komponente zum Ausfall des ganzen Systems führen. Sind im einfachsten Fall alle Komponenten gleichartig und voneinander unabhängig, und ist die Zufallsvariable $T_i$ die Lebenszeit der Komponente Nr.i, dann ist $T = Min(T_i)$ die Lebensdauer des ganzen Systems. Sowohl die Weibullverteilung als auch die der Gompertz-Verteilung zugrundeliegende Extremwertverteilung lassen sich aus einem solchen Kontext als Grenzfälle bei $n \to \infty$ (also sehr vielen Komponenten) herleiten (siehe dazu LAWLESS 1982 oder NELSON 1982).

Die "Standard-" oder "Typ 1-" Extremwertverteilung mit der
Überlebensfunktion:

$$(106) \quad G(t) = \exp\left[-\exp\left[(t+\xi)/\Theta\right]\right] \quad \Theta>0, -\infty<\xi<\infty$$

ist auch für negative t-Werte definiert. Sie hängt mit der
Weibullverteilung insofern zusammen, als der natürliche Logarithmus einer weibullverteilten Zufallsvariablen extremwert-
verteilt ist.

Wird die Extremwertverteilung als Modell für die Ankunftszeiten
selbst (und nicht deren Logarithmen) benützt, dann gibt es
insofern Probleme, als das Modell negative Zeiten zuläßt (die
Wahrscheinlichkeit dafür wird aber in der Regel sehr klein
sein). Der einfachste Weg, dies zu umgehen, besteht darin,
die Extremwertverteilung bei O abzuschneiden. Man erhält dann
die abgeschnittene Extremwertverteilung oder Gompertzverteilung mit der Hazardrate (Abbildung 18):

$$(107) \quad r(t) = Be^{Ct}$$

und der Überlebensfunktion:

$$(108) \quad G(t) = \exp\left[\frac{B}{C}(1-\exp(Ct)\right]$$

bei einer Reparametrisierung von (106) mit $C=1/\Theta>0, B=\exp(\xi/\Theta)>0$. Der Gompertzverteilung entspricht also eine wachsende Hazardfunktion.
In der Demographie ist die Gompertzverteilung ein altbewähr-
tes Modell für das Ableben infolge natürlicher Todesursachen.
Bei sehr vielen voneinander unabhängigen Todesursachen ist
die tatsächliche Lebenszeit durch die erste eintretende Todes-
ursache gegeben, läßt sich also als Extremwertverteilung darstellen. Durch Addition einer Konstanten A>O (für Todesfälle
durch Unfälle) erhält man die Hazardrate der Gompertz-Makeham-
Verteilung:

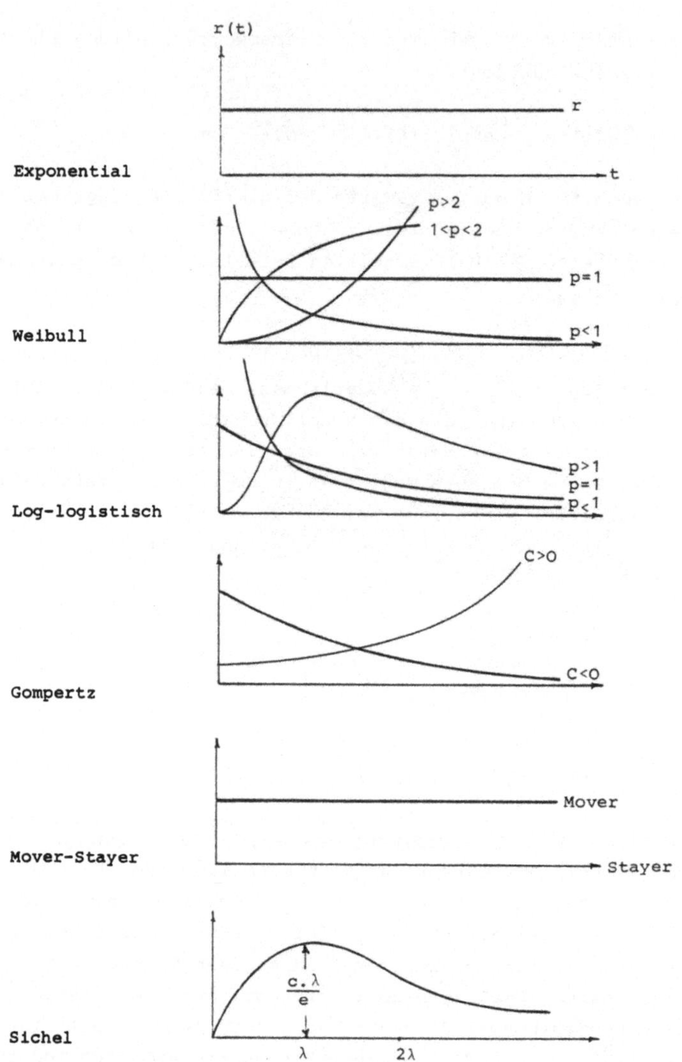



**Abbildung 18:** Einige Hazardraten-Modelle

(109) $r(t)=A+Be^{Ct}$

Gompertz- und Gompertz-Makeham-Verteilung sind ursprünglich
nur für C>O definiert, sind also den Modellen mit steigendem
Risiko zuzuordnen. Wenn wir für C auch negative Werte zulas-
sen, können wir auf einfache Art die Situation fallenden Risikos miteinbeziehen (Abbildung 18). Im Fall der Gompertz-
Verteilung kommt dann ein völlig neuer Gesichtspunkt dazu: bei
C<O ist limG(t)=exp(B/C)>O.Die Wahrscheinlichkeit bei t→∞ nie
zu sterben, ist größer als O. Diese Eigenschaft mag bei bio-
logischen, physikalischen oder technischen Systemen keine
Rolle spielen, bei sozialen Phänomenen kann die Möglichkeit,
daß ein bestimmtes Ereignis nie eintritt, sehr nützlich sein.
LAND (1971) benützt die Gompertz-Hazardrate mit C<O zur Modellierung von Scheidungsrisiken, also in einem Kontext, in
dem die Annahme, daß irgendwann - wenn auch möglicherweise
nach sehr langer Zeit - das untersuchte Ereignis sicher eintritt, d.h. jede Ehe geschieden wird, nicht unbedingt angemessen ist.

Eine positive Wahrscheinlichkeit, daß das untersuchte Ereignis nie eintritt, kann natürlich auch durch Heterogenität modelliert werden, etwa in einem Mover-Stayer-Modell, nach dem
ein Teil (die Mover) dem betreffenden Risiko ausgesetzt ist,
ein anderer Teil (die Stayer) dagegen nicht (Abbildung 18).
Im Gompertz-Modell mit negativem C liegt aber Heterogenität
nicht vor. Hier ist jedes Individuum dem gleichen Risiko ausgesetzt, aber nicht notwendigerweise betroffen, so wie im Fall
einer Epidemie in der Regel nur ein Teil der Bevölkerung er-
krankt, ohne daß die anderen deshalb immun sein müssen.

### 5.2.4. Das Sichel-Modell

DIEKMANN und MITTER (1983, 1984) haben das folgende Hazard-modell vorgeschlagen, welches besonders bei Scheidungsdaten eine sehr gute Anpassung erbrachte:

$$(110) \quad r(t) = c.t.e^{-t/\lambda} \qquad c, \lambda > 0$$

Diese Hazardfunktion hat die Form einer Sichel mit einem einzigen Maximum bei $t=\lambda$ und einem einzigen Wendepunkt bei $t=2\lambda$. Das Verlaufsmuster entspricht einem zuerst steigenden, dann fallenden Risiko (Abbildung 18).

Das Sichel-Modell ist besonders bei bestimmten Prozessen mit nicht-monotoner Risikofunktion angemessen. Bei Heiratskohorten ist z.B. das Scheidungsrisiko direkt nach der Hochzeit ebenso wie nach der "silbernen Hochzeit" gering mit einem dazwischen liegenden Maximum nach etwa zwei bis drei Jahren. Ein ähnlicher Verlauf ist bei Migrationsprozessen oder im Falle von Berufswechseln zu erwarten. Hinzu kommt die häufig günstige Eigenschaft, daß wie bei dem Gompertz-Modell mit negativem Parameter C auch das Sichel-Modell eine positive Wahrscheinlichkeit dafür impliziert, daß ein Ereignis nie eintritt. Bei der Untersuchung von Scheidungsdaten kann man z.B. davon ausgehen, daß ein relativ hoher Prozentsatz von Ehen (70 bis 90 % je nach Zeitraum und Land) erst mit dem Tod eines Ehepartners aufgelöst wird.

Aus (110) folgt für die Überlebensfunktion und die Dichte der Ankunftszeitverteilung:

$$(111) \quad G(t) = \exp\{-\lambda c [\lambda - (t+\lambda) \exp(-t/\lambda)]\}$$

$$(112) \quad f(t) = c.t.\exp(-t/\lambda) \exp\{-\lambda c [\lambda - (t+\lambda) \exp(-t/\lambda)]\}$$

Die Wahrscheinlichkeit, daß das Ereignis nie eintritt, ist
gemäß (111):

$$(113) \quad \lim_{t \to \infty} G(t) = \exp(-\lambda^2/c)$$

Nach Konstruktion der Likelihood-Funktion auf der Basis von
(111) und (112) findet man eine explizite Lösung des Maximie-
rungsproblems in bezug auf den Parameter c. Mit einem Iterationsverfahren ist dann nur noch das Maximum bezüglich des
einen Parameters $\lambda$ zu bestimmen.[1]

## 5.2.5. Log-Normal-Verteilung und log-logistische Verteilung

Zwei in der Literatur häufig empfohlene Verteilungen mit erst
steigendem, dann fallenden Risikoverlauf sind die Log-Normal-
und die log-logistische Verteilung. Die erste entspricht einem
Modell, in dem der Logarithmus der Ankunftszeit normalverteilt
ist, bei der zweiten ist dieser Logarithmus logistisch verteilt.
Die Hazardfunktion der log-logistischen Verteilung (Abbildung 18):

$$(114) \quad r(t) = \frac{\lambda p(\lambda t)^{p-1}}{1+(\lambda t)^p}$$

ist bis auf den Faktor $1+(\lambda t)^p$ im Nenner mit der Weibull-Ha-
zardrate identisch. Sie ist ebenfalls sehr flexibel: für $p \leq 1$
ist sie monoton fallend, für $p > 1$ zuerst steigend (bis t=
$(p-1)^{1/p}/\lambda$, dann fallend. Im Gegensatz zum Sichel-Modell ist
die Wahrscheinlichkeit, daß das untersuchte Ereignis nie eintritt, null. Für die log-logistische Überlebensfunktion gilt:

$$(115) \quad G(t) = \frac{1}{1+(\lambda t)^p}$$

---

[1] Zur Maximum-Likelihood-Schätzung der Parameter des Sichel-
Modells existiert am Institut für Höhere Studien, Wien,
ein FORTRAN-Programm, das bei den Verfassern erhältlich
ist.

5.2.6. <u>Graphische Verfahren</u>

Eine sinnvolle Strategie bei der Modellauswahl besteht darin,
möglichst allgemeine Verteilungstypen zu konstruieren, welche
konkurrierende Hypothesen als Spezialfälle umfassen. So erlaubt z.B. die Weibull-Verteilung die Modellierung steigenden und fallenden Risikos und enthält die Exponentialverteilung als Spezialfall. Noch allgemeinere, umfassendere Verteilungstypen sind die verallgemeinerte Gamma- oder die verallgemeinerte F-Verteilung (siehe etwa KALBFLEISCH und PREN-
TICE  1980). Letztere enthält alle in diesem Kapitel beschriebenen echten Verteilungen als Spezialfälle. Durch Tests
auf bestimmte Parameterwerte - die Nullhypothese $H_O$:p=1 im
Weibull-Modell z.B. entspricht der Exponentialverteilung -
kann dann das passendste Modell herausgefiltert werden. Leider sind diese Tests bei den allgemeineren Modelltypen (z.B.
der verallgemeinerten F-Verteilung) nicht sehr trennscharf.
Man wird in der Regel also um mehrere Versuche und die Beurteilung der Güte der Anpassung nicht herumkommen. Dabei
haben sich graphische Verfahren sehr bewährt. In gewissen
Grenzen können sie sogar die Parameterschätzung mit geeigneten (i.a. aufwendigen) Computerprogrammen ersetzen.

Die graphischen Verfahren stützen sich in der Regel auf Transformationen sowohl der beobachteten Zeiten als auch der Funktionen, welche die betreffende Verteilung beschreiben (in der
Regel die kumulierte Hazardrate oder - äquivalent - der Logarithmus der Überlebensfunktion). Bei geschickter Wahl dieser
Transformationen kann eine lineare Beziehung hergestellt und
in der graphischen Darstellung durch eine Ausgleichsgerade
dargestellt werden. Die Parameter der Ausgleichsgeraden können bei der Schätzung der Modellparameter benutzt werden, die
Konzentration der Meßpunkte um die Ausgleichsgerade erlaubt
die Beurteilung der Güte der Anpassung.

$$- 155 -$$

<u>Exponentialverteilung.</u> Dieser Test wurde bereits in Kap.3 angeführt. Wegen $G(t)=\exp(-rt)$, also $\ln G(t)=-rt$, müssen die logarithmierten Werte der geschätzten Überlebensfunktion, gegen die Zeit aufgetragen, eine Gerade durch den Ursprung mit Anstieg $-r$ bilden.

<u>Weibull-Verteilung.</u> Aus der Überlebensfunktion

$$(116) \quad G(t)=\exp\left[-(\lambda t)^p\right] \text{folgt}$$

$$(117) \quad \ln G(t)=-(\lambda t)^p \text{ und}$$

$$(118) \quad \ln\left[-\ln G(t)\right]=p \ln t + p \ln \lambda$$

Die doppelt logarithmierte geschätzte Überlebensfunktion, gegen den Logarithmus der Zeit aufgetragen, muß also eine Gerade mit dem Anstieg p und der Konstanten $p.\ln \lambda$ bilden. Ersetzt man $\ln t$ durch t, können die Parameter der Extremwertverteilung geschätzt werden (vgl. die Beziehung zwischen Weibull- und Extremwertverteilung in Abschnitt 5.2.3.). Für die Gompertz-Verteilung ist ein derart einfacher Test leider nur in Sonderfällen möglich (siehe nächster Abschnitt).

<u>Log-logistische Verteilung.</u> Bei dieser Verteilung führt die bei logistischen Konzepten gebräuchliche "log-odds-Transformation" zum Ziel:

$$(119) \quad G(t) = \frac{1}{1+(\lambda t)^p} \quad . \text{ Hieraus folgt:}$$

$$(120) \quad (\lambda t)^p = \frac{1-G(t)}{G(t)} \quad , \text{ und nach Logarithmierung:}$$

$$(121) \quad \ln \frac{1-G(t)}{G(t)} = p.\ln t + p.\ln \lambda.$$

Die log-odds ln $\left[(1-G(t))/G(t)\right]$ gegen den Logarithmus der Zeit
aufgetragen, müssen also eine Gerade bilden mit dem Anstieg
p und der Konstanten p.ln $\lambda$.

Graphische Auswertungstechniken und dabei nützliche Hilfs-
mittel, z.B. verschiedene Arten von Wahrscheinlichkeitspa-
pier (Millimeterpapier mit nicht-dezimaler, sondern loga-
rithmierter, normalverteilter usw. Skala), werden sehr de-
tailliert in dem Buch von NELSON (1982) beschrieben.

### 5.2.7. Anwendungsbeispiel Ehescheidungsdaten

Als Anwendungsbeispiel wollen wir die Scheidungen einer österreichischen Heiratskohorte von 1960 auswerten. Die Rohdaten
stammen vom Österreichischen Statistischen Zentralamt; sie
sind gruppiert und auf 10.000 Eheschließungen bezogen (Anzahl
der Scheidungen im Jahr der Eheschließung, im 1. Jahr danach
usw.). Die Beobachtung endet im Jahr 1974, alle in diesem
Jahr noch nicht geschiedenen Ehen sind also zensierte Beobachtungen. Tabelle 14 enthält die in den einzelnen Jahren ge-
zählten Ehescheidungen und nach der Life-Table-Methode be-
rechnete Überlebenswahrscheinlichkeiten sowie die für die
graphische Auswertung erforderlichen Transformationen von t
und G(t).

Die Abbildungen 19 und 20 sind die entsprechenden Darstellungen für das Exponential- bzw. Weibull-Modell.

Abbildung 19 liefert keine Unterstützung der Nullhypothese
einer konstanten Hazardrate. Der Verlauf weicht systematisch
von einer Geraden ab: Eine verbindende Kurve durch die Meßpunkte ist bis etwa zum 2. Jahr nach unten gekrümmt (was
einem steigenden Risiko entspricht) und ab etwa dem 6. Jahr
nach oben gekrümmt (abnehmendes Risiko), lediglich im mittleren Bereich erscheint die Annahme eines konstanten Risikos

| $[t_i, t_{i+1})$ | $d_i$ | $t_i$ | $\log t_i$ | $\hat{G}(t_i)$ *) | $\log \hat{G}(t_i)$ | (1) | (2) |
|---|---|---|---|---|---|---|---|
| 0-1 | 18 | 0 | $\infty$ | 1,000 | 0 | $\infty$ | -6,32 |
| 1-2 | 105 | 1 | 0 | ,998 | -,002 | -6,21 | -4,55 |
| 2-3 | 134 | 2 | 0,693 | ,988 | -,012 | -4,42 | -4,29 |
| 3-4 | 134 | 3 | 1,099 | ,974 | -,026 | -3,64 | -4,28 |
| 4-5 | 121 | 4 | 1,386 | ,961 | -,040 | -3,22 | -4,37 |
| 5-6 | 115 | 5 | 1,609 | ,949 | -,052 | -2,95 | -4,41 |
| 6-7 | 89 | 6 | 1,792 | ,937 | -,065 | -2,73 | -4,65 |
| 7-8 | 81 | 7 | 1,946 | ,928 | -,075 | -2,59 | -4,74 |
| 8-9 | 83 | 8 | 2,079 | ,920 | -,083 | -2,48 | -4,70 |
| 9-10 | 73 | 9 | 2,197 | ,912 | -,092 | -2,38 | -4,82 |
| 10-11 | 63 | 10 | 2,303 | ,905 | -,100 | -2,30 | -4,96 |
| 11-12 | 58 | 11 | 2,398 | ,898 | -,108 | -2,23 | -5,04 |
| 12-13 | 50 | 12 | 2,485 | ,893 | -,113 | -2,18 | -5,18 |
| 13-14 | 51 | 13 | 2,565 | ,888 | -,119 | -2,13 | -5,16 |
| 14-15 | 45 | 14 | 2,639 | ,883 | -,124 | -2,08 | -5,27 |
| 15- | 8780 **) | 15 | 2,708 | ,878 | -,130 | -2,04 | |

(1) $\ln\left[ -\ln \hat{G}(t_i) \right]$

(2) $\ln\left[ \ln \dfrac{\hat{G}(t_i)}{G(t_i+1)} \right]$

*) Life-Table-Schätzwerte     **) zensiert

Tabelle 14: Beispiel Ehescheidungen: Geschätzte Überlebens-

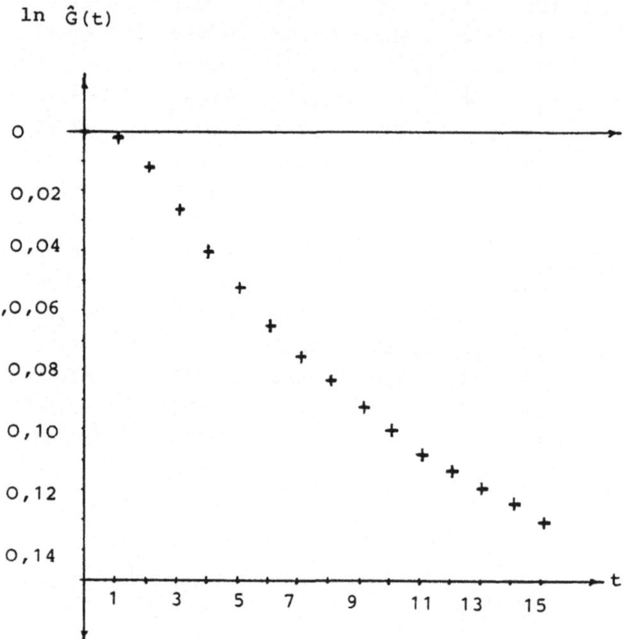



**Abbildung 19:** Graphischer Test bei Exponentialverteilung

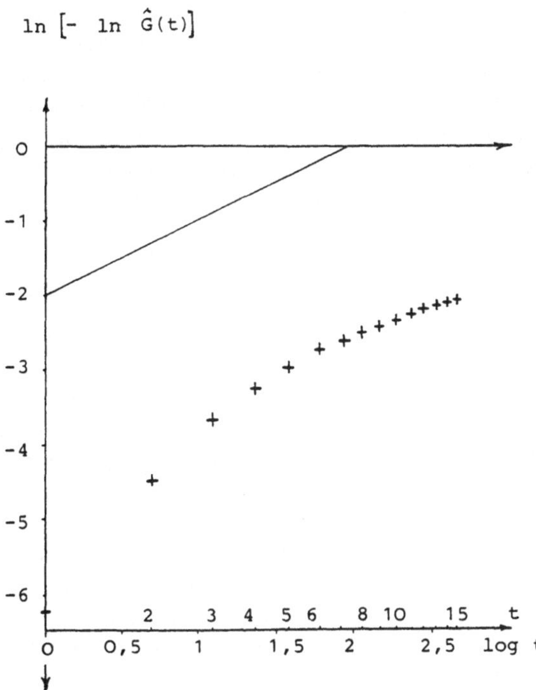


<u>Abbildung 20:</u> Graphischer Test bei Weibullverteilung

gerechtfertigt. Außerdem geht eine durchgelegte Ausgleichsgerade kaum durch den Nullpunkt, sondern schneidet die t-Achse
bei etwa 0,5. Dieser Umstand ist durchaus gerechtfertigt:
rechtliche und prozedurale Gegebenheiten lassen eine Scheidung unmittelbar nach der Eheschließung kaum zu, und der
Schnittpunkt bei t=0,5=6 Monate kann als durchschnittliche
"Vorbereitungszeit" für eine Scheidung sicher akzeptiert werden. Konsequenterweise wäre dann der Nullpunkt auf der Zeitachse zu verschieben bzw. wären alle Zeiten um den Wert 0,5
zu verringern. Die verbleibenden systematischen Abweichungen
von einem linearen Verlauf lassen das Exponentialmodell trotzdem inadäquat erscheinen.

Systematische Abweichungen zeigt auch der Weibull-Plot (Abbildung 20). Hier wäre eine verbindende Kurve durchwegs nach
unten gekrümmt, der Vergleich mit einer dem Shape-Parameter
p=1 entsprechenden eingezeichneten Geraden zeigt für junge
Ehejahre einen stärkeren Anstieg (p>1, also zunehmendes Scheidungsrisiko), für eine längere Ehedauer einen schwächeren Anstieg (p<1, also abnehmendes Scheidungsrisiko). Wird unter
Berücksichtigung der oben angeführten Überlegungen (Mindest-
ehedauer ca. 6 Monate) der Zeitnullpunkt verschoben, also
$\log\left[-\log\hat{G}(t_i)\right]$ gegen $\log(t_i-0.5)$ aufgetragen, wird die
Krümmung zwar flacher, die systematischen Unterschiede blei-
ben aber bestehen.

Diese Ergebnisse legen ein Zwei-Phasen-Modell mit erst steigendem, dann fallendem Risiko nahe, etwa entsprechend dem
log-logistischen Modell. Wie man leicht nachrechnen kann,sind
im vorliegenden Fall $\ln\left[-\ln\hat{G}(t_i)\right]$ und $\ln\left[(1-\hat{G}(t_i))/\hat{G}(t_i)\right]$
praktisch identisch (die Differenzen werden mit zunehmendem
$t_i$ größer, sind aber auch bei $t_i=15$ mit -2,04 gegenüber -1,97
noch relativ unbedeutend). Die systematischen Abweichungen
von der Linearität bleiben also auch im log-logistischen Plot
erhalten, was darauf zurückzuführen ist, daß die unter diesem

Modell geschätzte Hazardfunktion ihren maximalen Wert erst
sehr spät einnimmt, das den Schätzwerten entsprechende Scheidungsrisiko also während des gesamten Beobachtungszeitraums
zunimmt. Aus dem Weibull-Plot können wir nämlich für den Anstieg den Wert ca. 1,5,für die Konstante ca. -6 entnehmen,
was wegen praktisch identischer Ordinatenwerte auch für den
log-logistischen Plot gilt. Damit ergeben sich sowohl für den
Weibull- als auch den log-logistischen Fit grob geschätzte
Parameterwerte p=Anstieg$\cong$1,5, ln $\lambda$ =Konstante/p$\cong$-4, also
$\lambda\cong$0,018. Da die log-logistische Hazardrate für p>1 ihren
Maximalwert bei t=(p-1)$^{1/p}/\lambda$ annimmt, entspricht dieser Wert bei
p=1,5, $\lambda$=0,018 einer Ehedauer von etwa 35 Jahren. Erst danach sinkt,im geschätzten Modell, das Scheidungsrisiko wieder.

Alle bisher untersuchten Modelle haben die Eigenschaft, daß
ihre Überlebensfunktionen bei t$\to\infty$ gegen O gehen, daß also
jede Ehe mit Sicherheit irgendwann einmal geschieden wird.
Ein Versuch mit Modellen, bei denen das nicht der Fall ist,
erscheint also sinnvoll. Eine Gompertz-Hazardrate r(t)=Be$^{Ct}$
mit C<O könnte z.B. adäquat sein.

Für die Gompertz-Verteilung gibt es i.a. keinen einfachen
graphischen Test, wohl aber im vorliegenden Fall, in dem wir
die Überlebensfunktion zu regelmäßig wiederkehrenden Zeitpunkten geschätzt haben. Für diese gilt nämlich:

$$(122) \quad \ln G(t) = \frac{B}{C}(1-e^{Ct})$$

und für das darauffolgende Jahr t+1:

$$(123) \quad \ln G(t+1) = \frac{B}{C}(1-e^{Ct}\cdot e^{C})$$

Differenzbildung führt zu:

$$(124) \quad \ln \frac{G(t)}{G(t+1)} = \ln G(t)-\ln G(t+1) = -\frac{B}{C}(1-e^{C})e^{Ct}$$

und erneutes Logarithmieren zu:

$$(125) \quad \ln\left[\ln\frac{G(t)}{G(t+1)}\right] = \ln\left[-\frac{B}{C}(1-e^{C})\right] + C\cdot t.$$

$\ln\left[\ln\frac{\hat{G}(t_i)}{G(t_i+1)}\right]$ gegen $t_i$ aufgetragen, muß also ungefähr
eine Gerade mit dem Anstieg C ergeben. Die entsprechenden Or-
dinatenwerte gehen ebenfalls aus Tabelle 14 hervor. Die graphische Auswertung in Abbildung 21 zeigt für Ehedauern ab
etwa dem dritten Ehejahr eine recht gute Anpassung und insbesondere keine systematischen Abweichungen. Der Anstieg der
Ausgleichsgeraden ist etwa -0,1, was einem mit jedem Ehejahr
um etwa 10 % sinkenden Scheidungsrisiko entspricht. Aus der
Konstanten der Ausgleichsgeraden $\ln\left[-\frac{B}{C}(1-e^{C})\right] \cong -4$ läßt sich
ein B-Wert von ca. 0,019 berechnen, was einer kohortenspezi-
fischen Wahrscheinlichkeit von $\exp(B/C) \cong 0,82$ entspricht, daß
eine Ehe nie geschieden wird (nach 15 Jahren waren 12 % der
beobachteten Ehen geschieden). Für die ersten Ehejahre ist
dieses Modell allerdings auch nicht adäquat.

Als Modell für kohortenspezifische Ehescheidungsverteilungen
wäre also die Verbindung eines Zwei-Phasen-Modells mit der
Möglichkeit, daß die Überlebensfunktion nicht gegen Null geht,
wünschenswert. Das Sichelmodell hat diese Eigenschaft, läßt
sich aber nicht graphisch überprüfen. Unsere Untersuchungen
einer Vielzahl von Heiratskohorten in mehreren Ländern hat
eine ausgezeichnete Anpassung des Sichelmodells im Vergleich
mit den fünf alternativen Modellen in Abbildung 18 ergeben
(vgl. DIEKMANN und MITTER 1984).

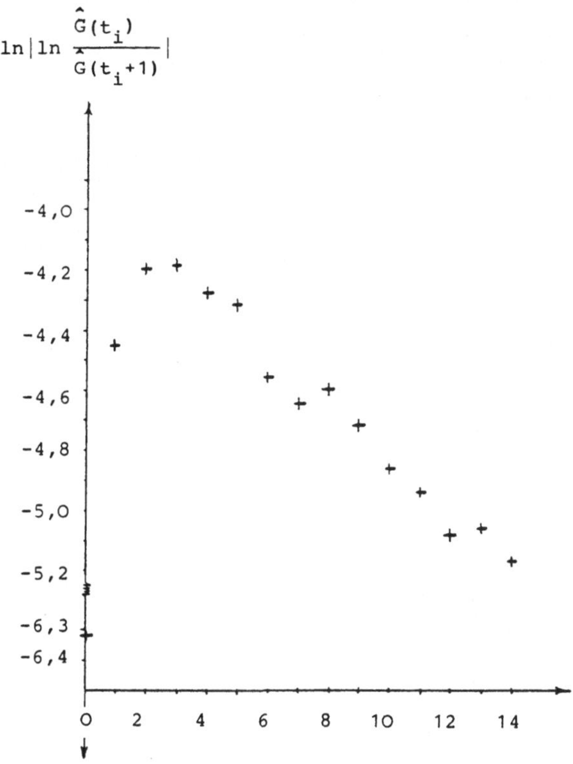


<u>Abbildung 21:</u> Graphischer Test bei Gompertz-Verteilung

## 5.3. Kovariateneffekte und Zeitabhängigkeit

Wurden in Abschnitt 1 parametrische Modelle mit Kovariaten
ohne Zeitabhängigkeit und in Abschnitt 2 zeitabhängige Raten
ohne Kovariate thematisiert, so wollen wir in diesem Abschnitt
beide Abhängigkeiten miteinander kombinieren. Ein relativ allgemeines Modell ist die Gompertz-Makeham-Funktion mit Kovariaten, deren Parameter mit RATE an Daten geschätzt werden können.

### 5.3.1. Die verallgemeinerte Gompertz-Makeham-Funktion in RATE

Wie im vorhergehenden Abschnitt erläutert, erhält man durch
Hinzufügung einer Konstanten zur Gompertzfunktion die Gompertz-Makeham-Funktion:

$$(126) \quad r(t) = A + Be^{C \cdot t}$$

Zur Berücksichtigung von Heterogenität können die Parameter
A,B und C als Funktionen von Kovariaten formuliert werden.
Dabei bieten sich zwei einfache Funktionen an, nämlich lineare
und log-lineare Funktionen wie in Abschnitt 1 beschrieben.
Z.B. können wir für A schreiben:

$$(127) \quad A = a_0 + a_1 x_1 + a_2 x_2 + \ldots \qquad \text{(linear)}$$

oder:

$$(128) \quad A = e^{a_0 + a_1 x_1 + a_2 x_2 + \ldots} \qquad \text{(log-linear)}.$$

Analoges gilt für B und C. Wenn C <u>negativ</u> ist, wird A zur
Asymptote des Modells. Je länger die Verweildauer t, desto
mehr nähert sich die Rate dem Wert von A an.

Es empfiehlt sich häufig, A und B als log-lineare, C hingegen als lineare Kovariatengleichung zu schreiben. Sind A und

B log-linear, so wird dadurch eine bei der Likelihood-Maximierung eventuell auftretende negative Rate vermieden. C
steht andererseits schon im Exponenten, so daß eine log-lineare Schreibweise zu einer doppelt exponentiellen Ratenfunktion führte, deren empirische Interpretation mit größeren
Schwierigkeiten verbunden ist.

Wenn B ferner eine log-lineare und B* eine lineare Kovariatenfunktion ist, so folgt für die Ratengleichung:

$$(129) \quad r(t) = A + Be^{C \cdot t} = A + e^{B^*} \cdot e^{C \cdot t} = A + e^{B^* + C \cdot t}$$

Diese Verallgemeinerung des Gompertz-Makeham-Modells wollen
wir jetzt auf unser Beispiel mit den vier Kovariaten Alter
$(x_1)$, Sozialkategorie $(x_2)$, Geschlecht $(x_3)$ und Arbeitslosengeld $(x_4)$ anwenden. Wir untersuchen im ersten Schritt ein
allgemeines Modell ohne Restriktionen bezüglich aller additiven Effekte. Die A-, B- und C-Gleichungen des Modells (129)
lauten:

$$(130) \quad A = e^{a_0 + a_1 x_1 + a_2 x_2 + a_3 x_3 + a_4 x_4}$$

$$(131) \quad B = e^{b_0 + b_1 x_1 + b_2 x_2 + b_3 x_3 + b_4 x_4}$$

$$(132) \quad C = c_0 + c_1 x_1 + c_2 x_2 + c_3 x_3 + c_4 x_4$$

Zur Schätzung der 15 freien Parameter des Modells wird die
Likelihood-Funktion aus $f(t)$ und $G(t)$ gebildet (siehe Gleichung (25) in Kap.2.4 und den Anhang 2).$f(t)$ und $G(t)$ wiederum sind eindeutig bestimmt durch die Modellwahl (129) mit
den Spezifikationen von A,B und C. Das Programm RATE maximiert nun die Likelihood-Funktion bezüglich der 15 Parameter.[1]

---

[1] Dazu ist es nur erforderlich, eine Programmkarte in dem
RATE-Lauf in Abschnitt 5.1.3 wie folgt zu ändern:
MODEL (4) A=1 B=1 C=-1. Hiermit wird Modell 4 in RATE2,
die Gompertz-Makeham-Funktion, gewählt. A=1 und B=1 spezifizieren log-lineare Modelle für A und B, C=-1 spezifiziert
eine lineare Gleichung für C. Je nach Datensatz ist es eventuell erforderlich, die Zahl der Iterationen mit der SOLVE-
Karte zu erhöhen.

| A-Vektor | | | B-Vektor | | | C-Vektor | |
|---|---|---|---|---|---|---|---|
| (1) | (2) | | (1) | (2) | | (1) | (2) |
| $\hat{a}_0 =$ 4,07 | 2,72 | $\hat{b}_0 =$ -4,77* | 0,242 | $\hat{c}_0 =$ 0,0121* | 0,00273 |
| $\hat{a}_1 =$ -0,473* | 0,156 | $\hat{b}_1 =$ 0,00295 | 0,00508 | $\hat{c}_1 =$ -0,000473* | 0,0000696 |
| $\hat{a}_2 =$ 1,15 | 0,652 | $\hat{b}_2 =$ -0,645* | 0,135 | $\hat{c}_2 =$ -0,00369* | 0,00165 |
| $\hat{a}_3 =$ 0,285 | 0,586 | $\hat{b}_3 =$ 0,0545 | 0,104 | $\hat{c}_3 =$ 0,00236 | 0,00134 |
| $\hat{a}_4 =$ -0,000122 | 0,000217 | $\hat{b}_4 =$ 0,000166* | 0,0000346 | $\hat{c}_4 =$ $2,94 \cdot 10^{-8}$ | $4,27 \cdot 10^{-7}$ |

* Bei $\alpha=0,05$ signifikant

$\ln L(\hat{\beta}^*) = -4975,99$ (Nullhypothese = alle Parameter außer einer Konstanten null)

$\ln L(\hat{\beta}) = -4761,86$ (Alternativhypothese)

$\chi^2 = 428,26$ mit df=14

(1) Parameter

(2) Standardfehler

**Tabelle 15:** Parameter des vollständigen Gompertz-Makeham-Modells[1]

[1] Die "Vollständigkeit" bezieht sich auf die additiven Effekte. Interaktionseffekte (z.B. Geschlecht/Sozialkategorie) könnten ohne Schwierigkeiten berücksichtigt werden, wurden hier aber weggelassen, um die Diskussion nicht noch weiter zu verkomplizieren.

Die empirischen Resultate des RATE-Laufs gehen aus Tabelle 15
hervor. In sieben von fünfzehn Fällen ist der Betrag des Parameters größer als der zweifache Standardfehler. Es fällt auf,
daß der A-Vektor kaum eine Rolle spielt, und daß alle Parameter des Faktors Geschlecht nicht-signifikante Werte aufweisen.
Der gemeinsame Einfluß aller Kovariate ist natürlich hoch-
signifikant. Der Likelihood-Ratio-Test liefert einen $\chi^2$-Wert
von 428 gegenüber der einfachen Nullhypothese (Abwesenheit
aller Kovariateneffekte). Dies ist nicht verwunderlich, genügt doch schon <u>ein</u> Kovariateneffekt, um die Nullhypothese
zurückzuweisen.

Das Modell ist noch bei weitem zu komplex. Eine wesentliche
Vereinfachung bestünde darin, alle nicht-signifikanten Kovariate unberücksichtigt zu lassen, wobei wir als Ausnahme von
dieser Regel auch den nahe an der Signifikanzgrenze liegenden
Parameter $c_3$ (Geschlechtseffekt) beibehalten wollen. Das derart modifizierte Modell hat dann die Gestalt:

$$(133) \quad r(t) = e^{(a_0 + a_1 x_1)} + e^{\left[(b_0 + b_2 x_2 + b_4 x_4) + (c_0 + c_1 x_1 + c_2 x_2 + c_3 x_3) \cdot t\right]}$$

Die geschätzten Parameter und den maximalen ln-Likelihood-
Wert des Modells zeigt Tabelle 16.

Wir sehen, daß alle Kovariate signifikante Effekte aufweisen.
Ist aber auch insgesamt das "ökonomischere" Modell mit neun
Parametern dem vollständigen 15-Parameter-Modell überlegen,
oder geht die Null-Setzung von Parametern auf Kosten der Erklärungskraft? Der Likelihood-Ratio-Test kann hierüber Auskunft geben. Die Nullhypothese (oder besser: die restringierte
Hypothese) ist jetzt das 9-Parameter-Modell mit dem $\ln L(\hat{\beta}*)$-
Wert von -4765,19 (Tabelle 16) gegenüber dem $\ln L(\hat{\beta})$-Wert von
-4761,86 des alternativen 15-Parameter-Modells (Tabelle 15).
Bei df=6 Freiheitsgraden kalkulieren wir nach Formel (97)
einen $\chi^2$-Wert von:

| Variable | Parameter | | Standardfehler |
|---|---|---|---|
| Konstante | $\hat{a}_0 =$ | 2,49 | 2,20 |
| Alter $(x_1)$ | $\hat{a}_1 =$ | -0,386* | 0,117 |
| Konstante | $\hat{b}_0 =$ | -4,71* | 0,136 |
| Sozialkategorie $(x_2)$ | $\hat{b}_2 =$ | -0,551* | 0,126 |
| Arbeitslosengeld $(x_4)$ | $\hat{b}_4 =$ | 0,000171* | 0,0000261 |
| Konstante | $\hat{c}_0 =$ | 0,0110* | 0,00194 |
| Alter $(x_1)$ | $\hat{c}_1 =$ | -0,000438* | 0,0000599 |
| Sozialkategorie $(x_2)$ | $\hat{c}_2 =$ | -0,00377* | 0,00163 |
| Geschlecht $(x_3)$ | $\hat{c}_3 =$ | 0,00281* | 0,00106 |

* Bei einer Irrtumswahrscheinlichkeit von 0,05 signifikant.
$\ln L(\hat{\beta}) = -4765,19$

Tabelle 16: Parameter des modifizierten Modells

$$\chi^2 = 2 \cdot (-4761,68+4765,19) = 7,02.$$

Der Wert ist eindeutig nicht-signifikant, d.h. die zusätzlichen sechs Parameter des komplexeren Alternativ-Modells stellen nach dem gewählten Kriterium keine besondere Verbesserung des Modells dar.

Der Test besagt natürlich nur, daß wir ein relativ besseres, nicht hingegen, daß wir das beste Modell im Zuge der induktiven Suchstrategie (dazu weiter unten) gefunden haben. Weitere Likelihood-Ratio-Tests unter Einschluß oder Ausschluß bestimmter Kovariate könnten zu "besseren" Modellen führen.

Betrachten wir jetzt noch die Ergebnisse in Tabelle 16. In qualitativer Hinsicht unterscheiden sich die Ergebnisse nicht von dem Modell mit zeitunabhängiger Rate in Abschnitt 5.1.3.

Je älter, desto geringer, und je mehr Arbeitslosengeld, desto
höher die Rate. Bei Frauen ($x_3$=O) ist die Rate geringer als
bei Männern,und bei Arbeitern ($x_2$=O) ist sie größer als bei
Angestellten. Bezüglich der Verweildauer im Zustand der Arbeitslosigkeit ist das Vorzeichen jeweils  umgekehrt.
Zwar ist die Rate nicht mehr der reziproke Wert der Verweildauer wie beim Modell mit zeitunabhängiger Rate, jedoch gilt
die qualitative Aussage, daß die Verweildauer mit wachsender
Rate sinkt und umgekehrt mit abnehmender Rate steigt.

Der zeitabhängige Teil (C-Vektor) läßt einige interessante
Besonderheiten erkennen. Gehen wir einmal von der Gruppe jün-
gerer, männlicher Arbeiter aus ($x_1 \leqq$ 31 Jahre, $x_2$=O, $x_3$=1).
Bei dieser Gruppe steigt die Chance, eine Beschäftigung zu
finden, mit zunehmender Dauer der Arbeitslosigkeit. In Gleichung (133) ist der Faktor ($c_0$+$c_1x_1$+$c_2x_2$+$c_3x_3$) vor dem "t"
positiv. Unabhängig vom Geschlecht und der Sozialkategorie
ist das Vorzeichen des Faktors auf jeden Fall negativ, wenn
das Lebensalter höher als 32 Jahre liegt. Hier hat die Verweildauer einen negativen Effekt auf die Rate und somit auf
die Chance der Wiederbeschäftigung. Dem Modell zufolge hat
also die Dauer der Arbeitslosigkeit  einmal einen positiven
und  einmal  einen   negativen Effekt auf die Chance der
Wiederbeschäftigung, und zwar in prognostizierbarer Weise
abhängig von den Merkmalen der betroffenen Arbeitslosen.
Dies ist gewiß eine interessante Implikation des Modells.

Über die Diskussion der Ratenfunktion hinaus können wir wieder gruppenspezifische Überlebensfunktionen G(t) prognostizieren, die ein besonders anschauliches Bild des Prozesses
mitsamt der Kovariateneinflüsse  liefern. Gemäß Gleichung
(13) in Verbindung mit Definition (12) (siehe Kap.2.2.3)
lautet die Formel für G(t):

$$(134) \quad G(t) = e^{-\int_0^t r(\tau)d\tau} = e^{-\int_0^t (A+Be^{-c.\tau})d\tau}$$

Löst man das Integral, so erhält man den Ausdruck:

$$(135) \quad G(t) = e^{-\left[A \cdot t + \frac{B}{C}(e^{C \cdot t} - 1)\right]}$$

In unserem Fall ergab sich für $\hat{A}, \hat{B}$ und $\hat{C}$ (Tabelle 16):

$$(136) \quad \hat{A} = e^{(2,49 - 0,386\ x_1)}$$

$$(137) \quad \hat{B} = e^{(-4,71 - 0,551\ x_2 + 0,000171 \cdot x_4)}$$

$$(138) \quad \hat{C} = 0,0110 - 0,000438\ x_1 - 0,00377\ x_2 + 0,00281\ x_3$$

Für beliebige Merkmalskombinationen, d.h. für beliebige Gruppen von Arbeitslosen, können jetzt mit der Formel für G(t) unter Berücksichtigung der drei A,B,C-Gleichungen die jeweiligen Überlebensfunktionen prognostiziert werden, wobei man am besten einen programmierbaren Taschenrechner zu Hilfe nimmt.

Die prognostizierten Werte gruppenspezifischer Überlebensfunktionen sowie auch andere Implikationen des Modells können ferner mit den Beobachtungen bzw. mit den nicht-parametrisch geschätzten Überlebensfunktionen (siehe Kap.3) verglichen werden. Dadurch eröffnen sich weitere Möglichkeiten von <u>Modelltests</u> (zu einer Anwendung siehe TUMA und HANNAN 1979, S.840 ff.).

Einige Bemerkungen noch zur Modellsuche. Wenn die theoretischen Vorstellungen relativ vage sind, dann kann - analog zur "Stepwise-Regression" in Kap.4 - die Suche nach dem adäquatesten Modell auf zwei Wegen erfolgen. Der erste Weg, die "Top-Down-Strategie" wurde hier beschritten. Man geht von einem allgemeinen Modell aus und versucht das Modell schrittweise zu vereinfachen, indem unter Berücksichtigung

der Standardfehler und der Likelihood-Ratio-Tests Parameter
als null angenommen werden. Der zweite Weg ist die "Bottom-
Up-Strategie". Hier wird von einfachen Modellen ausgegangen,
die soweit angereichert werden, bis sozusagen der "Grenz-
nutzen" an zusätzlicher Erklärungskraft den "Grenzkosten"
durch Hinzufügung weiterer Parameter entspricht. In beiden
Fällen lautet die Devise: So viel Erklärungskraft wie möglich,
so viele Parameter wie nötig, wobei der Likelihood-Ratio-Test
ein Maß der relativen Erklärungskraft sein kann. Für die er-
stere, die Top-Down-Strategie, spricht die Einfachheit und
die relative Eindeutigkeit der Suchstrategie. Inwieweit das
derart an den Daten modifizierte Modell auch auf andere Stichproben übertragbar ist, müssen deduktive Tests erweisen. Für
die zweite Strategie ist das Argument anzuführen, daß hierbei
die Suche nach einem befriedigenden Modell mehr von theoretischen Gesichtspunkten geleitet wird.

Neben der eher _induktiven_ Modellsuche gestatten die parametrischen Verfahren, wie in Abschnitt 5.1.3. demonstriert, natürlich auch die Möglichkeit streng _deduktiver_ Hypothesentests.
Diesen Weg sollte man immer dann beschreiten, wenn man vor
der Datenanalyse über eine genau spezifizierte Hypothese verfügt. Die Bestätigung einer Hypothese besagt allerdings noch
keineswegs, daß es sich um eine "gute" Hypothese handelt. Bei
einem Rennen mit nur einem Pferd  kann auch ein "müder Klep-
per" gewinnen.

Im Sinnes eines Entscheidungsexperiments empfiehlt es sich
daher, konkurrierende Hypothesen gegeneinander zu testen und
als Entscheidungsinstanz z.B. den Likelihood-Ratio-Test her-
anzuziehen.

Darüber hinaus ist es in jedem Fall ratsam, Konsequenzen des
Modells (wie z.B. gruppenspezifische Überlebensfunktionen)
mit den beobachteten Werten zu konfrontieren, um Aufschlüsse
über die Erklärungskraft des Modells zu erhalten.

## 5.3.2. <u>Weitere RATE-Modelle</u>

Das Programm RATE2 erlaubt die Schätzung der Parameter von
vier Modellen:

(1) Kovariateneffekte bei zeitunabhängiger Rate
    (Exponential- oder Poisson-Modell),[1]

(2) Berücksichtigung eines Fehlerterms in der Ratengleichung,

(3) Partial-Likelihood-Modell mit unspezifizierter Zeitab-
    hängigkeit (Cox-Regression),

(4) Gompertz-Makeham-Modell.

Die Modelle (1), (3) und (4) haben wir bereits kennengelernt.
Modell (2) ist sozusagen in doppelter Weise stochastisch. Der
Ratengleichung mit linearen oder log-linearen Kovariateneffek-
ten wird noch ein multiplikativer Fehlerterm hinzugefügt. Die
Fehler werden als gamma-verteilt betrachtet, eine relativ
allgemeine Verteilung mit positiver Zufallsvariablen.   Damit ist gewährleistet, daß die Rate  nicht negativ werden
kann. Im Grunde handelt es sich bei dem Modell um eine Verallgemeinerung des klassischen "Compound-Poisson-Prozesses"
von GREENWOOD und YULE (CHIANG 1968), wobei die Generalisierung in der Einbeziehung von Kovariaten besteht.

Mit Ausnahme von Modell (1) sind zur Schätzung der Parameter
mit RATE Ereignisdaten erforderlich. Modell (1) kann auch an-

---

[1] Modell (1) ist ein Spezialfall von Modell (4). Aus rechen-
technischen Gründen ist es jedoch empfehlenswert, einfache
Modelle des Typs (1) gesondert und nicht als Spezialfall
von Modell (4) zu schätzen.

hand sogenannter "Change-Daten" geschätzt werden. Bei Change-
Daten ist nur der Typ des ersten Ereignisses (Zustandswechsel
von j nach k) in einem Zeitintervall, nicht jedoch der exakte
Zeitpunkt bekannt.

Die vier Modelle können sich auf Zwei- oder auch auf <u>Mehr-Zu-
stands-Modelle</u> beziehen. Darüber hinaus gestatten die Modelle
(2) und (4) die Berücksichtigung <u>zeitabhängiger Kovariate</u>.
Bei zeitabhängigen Kovariaten (z.B. das Einkommen während
einer Berufskarriere) können die Parameter von Zeitperiode
zu Zeitperiode variieren, wobei der gesamte Beobachtungszeitraum in einzelne  Zeitperioden unterteilt wird.

Erhebliche Vorteile bezüglich der Datenfile-Organisation und
weiterer Modell-Optionen sollen angekündigte Modifikationen
des Nachfolge-Programms RATE3 bieten. Als zusätzlicher Modell-
Typ kann die <u>Weibull-Verteilung</u> (siehe Kap.5.2)  mit Kovariaten gewählt werden. Ferner wird die Möglichkeit eröffnet, dem
Programm selbstgewählte Ratenfunktionen hinzuzufügen, die
nicht in das Schema der vorgegebenen Modelltypen passen.

In letzter Zeit sind Versuche unternommen worden, die meisten
der von RATE vorgesehenen Modelltypen sowie weitere Modelle
in das Programm GLIM zu integrieren (ARMINGER 1984). Hier bahnt
sich eine Tendenz zur Vereinheitlichung zahlreicher Programme
sozusagen unter dem Dach von GLIM an. Dennoch dürften hierdurch Programme wie RATE kaum inaktuell werden, wenn die
Programmsprache den Vorzug der Benutzerfreundlichkeit und
leichten Erlernbarkeit aufweist.

## 5.4. <u>Mehr-Zustands-Modelle</u>

Die Verfahren zur <u>Schätzung</u> der Parameter bei Mehr-Zustands-
Modellen (oder Multi-State-Modellen) beruhen auf einer einfachen Generalisierung des Maximum-Likelihood-Schätzverfah-

rens. Der Aufbau des Datenfiles wird etwas komplexer, wobei
zu beachten ist, daß nunmehr die Episoden die Fälle des Datenfiles bilden. Wesentlich aufwendiger im Gegensatz zur Parameterschätzung wird bei Mehr-Zustands-Modellen die mathematische Untersuchung der Modellkonsequenzen. Dazu werden wir
abschließend einige Beispiele der dynamischen Analyse von
Mehr-Zustands-Modellen diskutieren.

### 5.4.1. Parameterschätzung bei Mehr-Zustands-Modellen

Betrachten wir als Beispiel das uns schon aus Kap.1 bekannte
Modell einer Drogenkarriere mit den in Abbildung 22 gezeigten drei Zuständen. Die Schätzung der Übergangsraten bzw. der
Parameter von Kovariateneinflüssen oder Zeitabhängigkeiten
kann bei Mehr-Zustands-Modellen auf der Basis von Ereignisgeschichten erfolgen, die pro Individuum in der Regel mehrere
Episoden umfassen. Ein Beispiel zeigt das Diagramm in Abb.23.
Dieses Beispiel ist als Person Nr.1 in das Datenfile-Muster
der darunter stehenden Tabelle eingegangen.

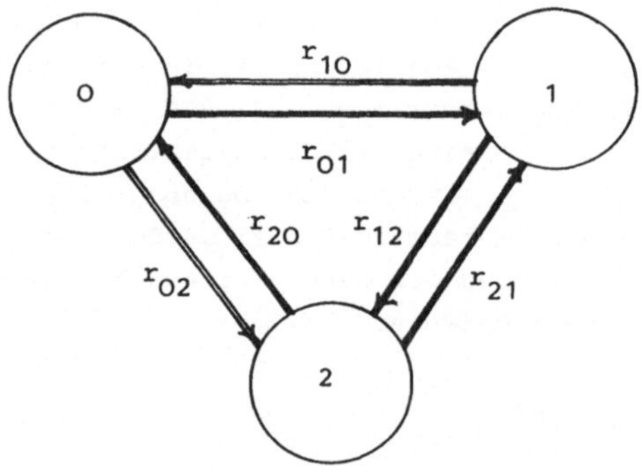


Abbildung 22: Drei-Zustands-Modell

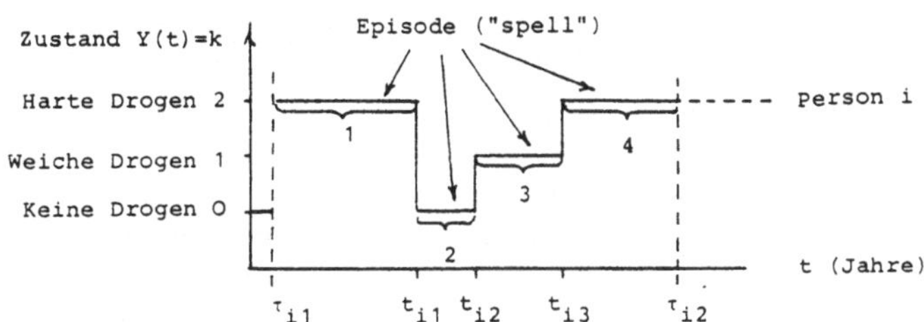



**Abbildung 23:** Diagramm der Ereignisgeschichte

| Personen-Nummer | Episoden-nummer | Ereignisdaten | | | | | | Kovariate | |
|---|---|---|---|---|---|---|---|---|---|
| | | ST | ET | VD | SZ | ZZ | ZW | $x_1$ | $x_2$ |
| 1 | 1 | 0 | 5 | 5 | 2 | 0 | 1 | 0 | 600 |
| 1 | 2 | 5 | 7 | 2 | 0 | 1 | 1 | 0 | 1500 |
| 1 | 3 | 7 | 10 | 3 | 1 | 2 | 1 | 0 | 800 |
| 1 | 4 | 10 | 14 | 4 | 2 | 2 | 0 | 0 | 600 |
| 2 | 1 | 0 | 14 | 14 | 0 | 0 | 0 | 1 | 1800 |
| 3 | 1 | 0 | 5 | 5 | 1 | 2 | 1 | 0 | 1000 |
| 3 | 2 | 5 | 14 | 9 | 2 | 2 | 0 | 0 | 2050 |

| | | | |
|---|---|---|---|
| ST | Start-Zeit | $x_1$, $x_2$ | Episodenspezifische Messungen der Kovariate |
| ET | Endzeit der Episode | | (z.B. $x_1$ = Geschlecht, |
| VD | Verweildauer (ET-ST) | | $x_2$ = Netto-Einkommen). |
| SZ | Startzustand | | |
| ZZ | Zielzustand | | |
| ZW | Zustandswechsel | | Der Datenfile sieht pro Episode |
| 0 | zensiertes Datum | | eine "logische Lochkarte" vor. |
| 1 | Zustandswechsel (keine Zensierung) | | |

**Tabelle 17:** Muster eines Datenfiles

Zur Beschreibung der Episoden sind nunmehr mindestens die
folgenden vier Variablen in dem Datenfile vorzusehen: Die
Startzeit (ST) und der Startzustand (SZ) sowie die Endzeit
(ET) und der Zielzustand (ZZ). Die übrigen Angaben (VD und
ZW) sind redundant, d.h. sie folgen  zwingend aus den Werten
der vier zentralen Episoden-Variablen. Diese redundanten Variablen sind gelegentlich zweckmäßig für zusätzliche Analysen alternativer vereinfachter Modelle. Außerdem enthält der
File noch zeitunabhängige $(x_1)$ und zeitabhängige $(x_2)$ Kovariate (zu verschiedenen Datenfile-Mustern siehe auch CARROLL
1982).

Die Parameter können nun beispielsweise mit dem Programm RATE
mit der Maximum-Likelihood-Methode geschätzt werden. Der Unterschied zur Schätzmethode im Falle des Zwei-Zustands-Modells
mit absorbierendem Zielzustand besteht nur in der Komplexi-
tät: Das Mehr-Zustands-Schätzproblem ist nämlich - wie TUMA,
HANNAN und GROENEVELD (1979) zeigen - auf eine Anzahl von
Zwei-Zustands-Schätzproblemen reduzierbar. Für jede Kombina-
tion von Ausgangs- und Zielzustand können die Parameter se-
parat geschätzt werden, wobei Zustandswechsel zu den übrigen
Zielzuständen als zensiert betrachtet werden. Die Rate $r_{02}$
(bzw. die Koeffizienten der hierauf wirkenden Kovariate) in
Abbildung 22 beispielsweise kann allein auf der Basis aller
Episoden mit dem Ausgangszustand 0 und dem Zielzustand 2 geschätzt werden. Wechsel zum Zustand 1 sowie "echte" Zensie-
runen werden hierbei gemeinsam als zensierte Daten behandelt.[1]

---

[1]  Rechentechnisch wird in etwas anderer Weise vorgegangen.
     Vgl.  dazu auch die allgemeine Likelihood-Funktion  in
     TUMA (1979) oder TUMA, HANNAN und GROENEVELD (1979).

Um Hinweise auf Verletzungen der Markov-Annahme (Unabhängigkeit der Ereignisse vom vor-vorhergehenden und allen früheren Zuständen) zu erhalten, ist es mitunter ratsam, nur bestimmte Episoden pro Untersuchungseinheit (z.B. nur die
erste Episode) bei der Schätzung zu berücksichtigen und das
Ergebnis mit der Schätzung aufgrund aller Episoden zu ver-
gleichen. Starke Unterschiede können auf eine Verletzung der
Annahme hinweisen (siehe zu dieser Möglichkeit HANNAN und
CARROLL 1981).

## 5.4.2. Die dynamische Analyse von Mehr-Zustands-Modellen

### 5.4.2.1. Überlebensfunktionen und mittlere Ankunftszeiten

Wurden die Raten anhand der Daten geschätzt, so können gemäß
den Formeln in Kap.2.3  die Überlebensfunktionen prognostiziert werden. Diese lauten für das Beispiel des Drei-Zustands-
Modells mit zeitunabhängigen Raten:

$$(139) \quad G_0(t) = e^{-(r_{01}+r_{02}) \cdot t}$$

$$(140) \quad G_1(t) = e^{-(r_{10}+r_{12}) \cdot t}$$

$$(141) \quad G_2(t) = e^{-(r_{20}+r_{21}) \cdot t}$$

Da die Raten normalerweise von Kovariaten abhängig sind, können in die Formeln zur Prognose der gruppenspezifischen Überlebensfunktionen die entsprechenden Ratengleichungen mit Kovariaten eingesetzt werden. Sind ferner die Raten zeitabhän-
gig, so steht (gemäß Formel (20) in 2.3 ) im Exponenten der
Überlebensfunktion die kumulierte Hazardfunktion R(t).

Im Falle zeitunabhängiger Raten ist die mittlere Verweildauer-Interpretation der Kovariaten-Effekte zu modifizieren. Der Erwartungswert der Ankunftszeit im Zustand j, $E(T_j)$, ist nunmehr der Summe der zeitunabhängigen Übergangsraten vom Zustand j zu allen Zielzuständen k, also der Hazardrate reziprok:[1)]

$$(142) \quad E(T_j) = \frac{1}{r_j}.$$

Schreiben wir beispielsweise für den Zustand O die beiden Ratengleichungen (die eingeklammerten Indizes der $\alpha$-Parameter verweisen auf den Ausgangs- und Zielzustand):

$$(143) \quad r_{01} = \alpha_{0(01)} \cdot \alpha_{1(01)}^{x_1} \cdot \alpha_{2(02)}^{x_2}$$

$$(144) \quad r_{02} = \alpha_{0(02)} \cdot \alpha_{1(02)}^{x_1} \cdot \alpha_{2(02)}^{x_2},$$

so erhalten wir jetzt für $E(T_O)$:

$$(145) \quad E(T_O) = \frac{1}{\left[\alpha_{0(01)} \cdot \alpha_{1(01)}^{x_1} \cdot \alpha_{2(01)}^{x_2}\right] + \left[\alpha_{0(02)} \cdot \alpha_{1(02)}^{x_1} \alpha_{2(02)}^{x_2}\right]}$$

$x_1$ und $x_2$ wirken also in doppelter Weise auf die mittlere Verweildauer ein, nämlich über die Beeinflussung von $r_{01}$ und von $r_{02}$. Der Gesamteffekt einer Veränderung um beispielsweise $\Delta x_1$-Einheiten auf $E(T_O)$ kann mittels Formel (145) bzw. im allgemeinen Fall mittels Formel (142) berechnet werden.

---

[1)] Allgemein gilt bei zeitabhängigen Raten:
$$E(T_j) = \int_o^\infty t\, f_j(t)\,dt = \int_o^\infty t\, r_j(t)\exp\left[-R_j(t)\right]dt$$
Im Falle zeitunabhängiger Raten gilt $R_j(t) = r_j \cdot t$ mit der oben angeführten Lösung (142) des Integrals.

5.4.2.2. <u>Die Wahrscheinlichkeitsverteilung der Zustandsvariablen Y(t)</u>

In Kap.2 haben wir zwei mit einem stochastischen Prozeß verknüpfte Zufallsvariablen unterschieden: Die Ankunftszeit T und die Zustandsraum-Variable $Y(t)$. Bisher haben wir uns nur mit der Verteilung der Ankunftszeiten, nicht jedoch explizit mit der Verteilung von $Y(t)$ beschäftigt. Dies rührt daher, daß beim Zwei-Zustands-Modell mit absorbierendem Zielzustand die Kenntnis der Verteilung von $Y(t)$ keine neuen Einsichten bringt. Hier ist nämlich die Verteilung von $Y(t)$ $p_0(t)=P[Y(t)=0]$ und $p_1(t)=P[Y(t)=1]$ (siehe Abb.5 in Kap.2) "automatisch" mit $G(t)$ gegeben, denn es gilt ja: $p_0(t)=G(t)$ und $p_1(t)=1-G(t)=F(t)$. Die absolute (unbedingte) Wahrscheinlichkeit, zum Zeitpunkt t im Zustand 0 zu sein, ist ja identisch mit der Wahrscheinlichkeit $G(t)$, den Zeitpunkt t im Zustand 0 zu erleben, und $p_1(t)$ ist die dazu komplementäre Wahrscheinlichkeit $F(t)$.

Bei Mehr-Zustands-Modellen ist dagegen die Ableitung der Wahrscheinlichkeitsverteilung bezüglich der einzelnen Zustände j im allgemeinen wesentlich komplizierter. $G_j(t)$ ist dabei in der Regel nicht mehr mit der (unbedingten) Aufenthaltswahrscheinlichkeit im Zustand j identisch, da nun nicht nur sozusagen der "Abfluß", sondern auch der "Zufluß" von Personen zum Zustand j in Betracht zu ziehen ist.

Zur Berechnung der Verteilung von $Y(t)$, d.h. zur Berechnung von $p_j(t)$ für die Zustände j=1,2,...n, leitet man zunächst aus den Modellannahmen, insbesondere der Markov-Eigenschaft, ein System von Differentialgleichungen her, das den stochastischen Prozeß definiert (siehe dazu Anhang 4). Mit der Lösung des Gleichungssystems erhält man sodann die Wahrscheinlichkeiten $p_j(t)$.

Man kann zeigen, daß das folgende System von linearen Differentialgleichungen allgemein einen Markov- oder Semi-Markov-Prozeß mit n diskreten Zuständen festlegt:

$$(146) \quad \frac{dp_j(t)}{dt} = -r_j(t)p_j(t) + \sum_{\substack{k=0 \\ k \neq j}}^{n} r_{kj}(t)p_k(t)$$

Intuitiv läßt sich die Gleichung wie folgt deuten: Der erste Term auf der rechten Seite ist das Produkt aus der Wahrscheinlichkeit im Zustand j zum Zeitpunkt t zu sein, multipliziert mit der Neigung zum Zustandswechsel. Das Produkt entspricht dem "Abfluß" aus Zustand j. Analog ist der zweite Term als Summe der "Zuflüsse" aus allen übrigen Zuständen zu interpretieren. "Zufluß" minus "Abfluß" ist dann die Wahrscheinlichkeitsänderung $dp_j(t)/dt$.

Um im folgenden die Notation etwas zu vereinfachen, lassen wir den Zeitindex t bei den Zustandswahrscheinlichkeiten immer weg. Es ist aber im Auge zu behalten, daß $p_j$ stets eine Funktion von t ist. Ferner schreiben wir $\dot{p}_j$ für $dp_j(t)/dt$. Schließlich wollen wir nur den Fall mit <u>zeitunabhängiger</u> Rate betrachten.

<u>Drei-Zustands-Modell</u>. Gemäß dem allgemeinen Ansatz (14 ) lauten die Differentialgleichungen für das Modell mit drei Zuständen:

$$(147) \quad \dot{p}_0 = -r_0 p_0 + r_{10} p_1 + r_{20} p_2$$

$$(148) \quad \dot{p}_1 = r_{01} p_0 - r_1 p_1 + r_{21} p_2$$

$$(149) \quad \dot{p}_2 = r_{02} p_0 + r_{12} p_1 - r_2 p_2$$

Wegen $p_2 = 1 - p_0 - p_1$ können wir eine Gleichung eliminieren und erhalten dann das Gleichungssystem:

$$(150) \quad \dot{p}_0 = -(r_0 + r_{20})p_0 + (r_{10} - r_{20})p_1 + r_{20}$$

$$(151) \quad \dot{p}_1 = (r_{01} - r_{21})p_0 - (r_1 + r_{21})p_1 + r_{21}.$$

Eine Lösung dieses Systems von zwei linearen Differential-gleichungen (d.h. zwei explizite Funktionen der Zeit $p_0$ und $p_1$, die die beiden Gleichungen erfüllen) ist zwar mit mathematischen Standard-Verfahren ohne größere Schwierigkeiten möglich, jedoch ist das Ergebnis im allgemeinen Fall so aufwendig, daß wir hier auf eine Wiedergabe verzichten (zur Lösungstechnik siehe z.B. ROMMELFANGER 1977, zu Beispielen der dynamischen Analyse siehe auch DIEKMANN 1980). Stattdessen wollen wir einige Spezialfälle betrachten.

<u>Gleichgewicht.</u> Man kann leicht zeigen, daß das obige Gleichungssystem immer ein <u>stabiles</u> Gleichgewicht impliziert. Außerdem lassen sich die Gleichgewichtswerte $\overline{p_0}$ und $\overline{p_1}$ ohne größere Mühe ermitteln. Vereinbaren wir folgende Abkürzungen:

$$(152) \quad a = -(r_0 + r_{20})$$

$$(153) \quad b = (r_{10} - r_{20})$$

$$(154) \quad c = (r_{01} - r_{21})$$

$$(155) \quad d = -(r_1 + r_{21}),$$

dann ist das Gleichgewicht immer dann stabil, wenn gilt (vgl. ROMMELFANGER 1977, S.189 ff.):

(156) $a+d<0$

(157) $ad-bc>0$.

Beide Stabilitätsbedingungen sind immer erfüllt, wie der
Leser leicht nachprüfen kann.

Welche Verteilung von Y(t) ergibt sich nun konkret im Gleichgewicht (d.h. für t→∞)? Um hierauf eine Antwort zu geben, ist
es nur erforderlich, in dem Gleichungssystem (150) und (151)
$\dot{p}_0=\dot{p}_1=0$ zu setzen. Im Gleichgewicht existieren wohl noch Be-
wegungen zwischen den Zuständen, Zu- und Abflüsse gleichen
sich dabei aber aus, d.h. die Wahrscheinlichkeitsänderungen
sind null. Für $\dot{p}_0=0$ und $\dot{p}_1=0$ erhalten wir nun zwei einfache
algebraische Gleichungen mit den beiden Unbekannten $\overline{p}_0$ und
$\overline{p}_1$. Die Lösung, also die Gleichgewichtsverteilung von Y(t)
lautet bei zeitunabhängigen Raten:

$$(158) \quad \overline{p}_0 = \frac{br_{21}-dr_{20}}{ad-bc}$$

$$(159) \quad \overline{p}_1 = \frac{cr_{20}+ar_{21}}{ad-bc}$$

Für $\overline{p}_2$ folgt:

$$(160) \quad \overline{p}_2 = 1-\overline{p}_0 - \overline{p}_1$$

Mit Hilfe der drei Gleichungen kann man jeweils für bestimmte
Gruppen, d.h. für bestimmte Kombinationen von Kovariaten, die
Gleichgewichtsverteilung prognostizieren. Auch die Effekte
einer bestimmten unabhängigen Variablen, etwa eines experimentellen Gruppenunterschieds (z.B. Drogentherapie versus

keiner Therapie) auf die Gleichgewichtsverteilung läßt sich
ermitteln. Ein Beispiel hierzu findet sich in der Arbeit von
HANNAN, TUMA und GROENEVELD 1977.


<u>Konkurrierende Risiken.</u> Ein interessanter Spezialfall resul-
tiert aus den Gleichungen (147) bis (149), wenn die Zustände
1 und 2 als absorbierend betrachtet werden (Abbildung 24),
wenn also gilt: $r_{10}=r_{20}=r_{12}=r_{21}=0$

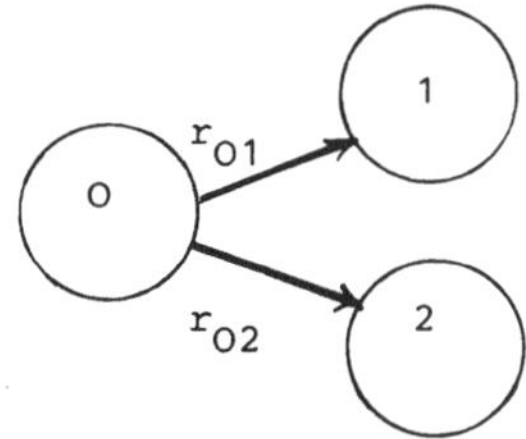


<u>Abbildung 24:</u> Ein Modell mit konkurrierenden Risiken


In demographischen und medizinischen Anwendungen könnten die
Zustände 1 und 2 zwei verschiedene Todesursachen bezeichnen.
Beim Studium von Mobilitätsprozessen ließe sich an die Konzeptualisierung von Aufwärts- und Abwärtsmobilität denken
(CARROLL und MAYER 1982) und bei Migrationsprozessen könnte
es sich um zwei Migrationsziele (z.B. Inland versus Ausland)
handeln. Eine weitere Möglichkeit der Anwendung dieses Modells bzw. dessen Verallgemeinerung auf beliebig viele Zielzustände (dazu weiter unten) bezieht sich auf den Kontext
einer probabilistischen Entscheidungstheorie. Die Zustände 1
und 2 bezeichneten dann alternative Handlungen, während
die Raten als Funktionen von Nutzenerwartungen aufgefaßt werden könnten.


Mit den oben angeführten Restriktionen folgt aus dem Gleichungssystem (147) bis (149):

$$(161) \quad \dot{p}_O = -r_O p_O$$

$$(162) \quad \dot{p}_1 = r_{O1} p_O$$

$$(163) \quad \dot{p}_2 = r_{O2} p_O$$

Die Lösung für $p_O$ mit der Anfangsbedingung $p_O(O)=1$ (zum Zeitpunkt $t=O$ befinden sich alle Untersuchungseinheiten im Zustand O) ist die Wachstumsfunktion:

$$(164) \quad p_O = e^{-r_O \cdot t}$$

Setzen wir diese Funktion für $p_O$ in die Gleichungen (162) und (163) ein und integrieren wir die beiden Gleichungen von O bis t, dann erhalten wir als Lösungen:

$$(165) \quad p_1 = \frac{r_{O1}}{r_O}[1-e^{-r_O \cdot t}]$$

$$(166) \quad p_2 = \frac{r_{O2}}{r_O}[1-e^{-r_O \cdot t}]$$

wobei die Hazardrate $r_O = r_{O1} + r_{O2}$ die Summe der beiden Raten ist.

Das Modell läßt sich ohne Probleme auf n Zustände verallgemeinern. Die Lösung, d.h. die Verteilung von Y(t), lautet:

$$(167) \quad p_O = e^{-r_O \cdot t}$$

$$(168) \quad p_k = \frac{r_{Ok}}{r_O}[1-e^{-r_O \cdot t}] \qquad k=1,2,\ldots,n$$

Es folgt hieraus, daß sich je zwei Zustandswahrscheinlichkeiten der Zielzustände wie die entsprechenden Raten verhalten:

$$(169) \quad \frac{p_k}{p_j} = \frac{r_{Ok}}{r_{Oj}} \qquad (k \neq O, j \neq O)$$

Beim Modell mit konstanter Rate muß der Quotient aus je zwei
Zustandswahrscheinlichkeiten demnach im Zeitablauf immer konstant bleiben. Diese Implikation ist eine strenge <u>Testbedin-
gung</u> des Modells. Der Nachweis, daß gilt:

$$\sum_{k=O}^{n} p_k = 1$$

sei dem interessierten Leser als Übung überlassen.

Eine weitere anschauliche Deutung von Gleichung (168) findet
man, wenn man folgende Beziehungen einführt:

$$(170) \quad m_{jk} = \frac{r_{jk}}{r_j}$$

$m_{jk}$ ist die bedingte Wahrscheinlichkeit, daß unter der Voraussetzung, daß ein Ereignis auftritt (Zustand j also verlassen wird), der Zustandswechsel zum Zielzustand k erfolgt.
Ferner gilt (Kap.2.3):

$$(171) \quad F_O(t) = 1 - e^{-r_O \cdot t}$$

Aufgrund dieser beiden Beziehungen können wir für $p_k$ in (168)
schreiben:

(172) $p_k = m_{Ok} \cdot F_O(t)$

$p_k$ ist also das Produkt aus der unbedingten Wahrscheinlichkeit, daß bis zum Zeitpunkt t ein Ereignis auftritt, multipliziert mit der bedingten Wahrscheinlichkeit, daß unter dieser Voraussetzung zum Zielzustand k gewechselt wird.

**Zwei-Zustands-Modell mit reversiblen Ereignissen.** Ein weiterer wichtiger Spezialfall wurde insbesondere von COLEMAN
(1964a,1981) auf soziologische Probleme angewandt. Das Zwei-
Zustandsmodell mit reversiblen Ereignissen folgt aus dem
Gleichungssystem (147) bis (149), wenn $r_{02}=r_{12}=r_{20}=r_{21}=0$ gesetzt werden (Abbildung 25).

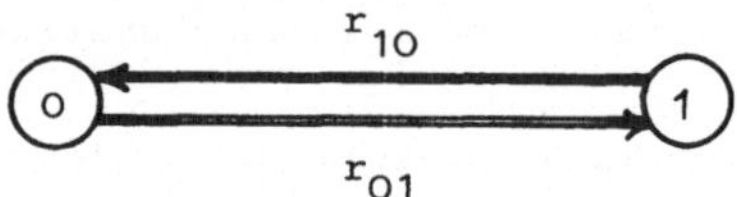


<u>Abbildung 25:</u> Zwei-Zustands-Modell mit reversiblen Ereig-
nissen

Zustand O könnte z.B. als nicht-erwerbstätig und Zustand 1
als Erwerbstätigkeit gedeutet werden. Die Differentialgleichungen für das Modell lauten:

(173) $\dot{p}_O = -r_{01}p_O + r_{10}p_1$

(174) $\dot{p}_1 = r_{01}p_O - r_{10}p_1$

Setzen wir $\dot{p}_O=\dot{p}_1=0$, so erhalten wir die Werte der Gleichgewichtsverteilung als Lösungen der beiden resultierenden al-
gebraischen Gleichungen mit den beiden Unbekannten $\overline{p_O}$ und $\overline{p_1}$:

$$(175) \quad \overline{p_0} = \frac{r_{10}}{r_{01}+r_{10}}$$

$$(176) \quad \overline{p_1} = \frac{r_{01}}{r_{01}+r_{10}}$$

Als nächsten Schritt berechnen wir allgemein die Verteilung von $Y(t)$, d.h. nicht nur die Gleichgewichtsverteilung, sondern die Werte von $p_0$ und $p_1$ für beliebige Zeitpunkte t. Wenn wir berücksichtigen, daß $p_1=1-p_0$ ist, so folgt aus (173):

$$(177) \quad \dot{p}_0 = -(r_{01}+r_{10})p_0+r_{10}$$

Die Lösung der Differentialgleichung lautet:

$$(178) \quad p_0 = \left[p_0(0) - \frac{r_{10}}{r_{01}+r_{10}}\right] e^{-(r_{01}+r_{10}) \cdot t} + \frac{r_{10}}{r_{01}+r_{10}}$$

Analog folgt aus Gleichung (174) nach Substitution von $p_0=1-p_1$:

$$(179) \quad p_1 = \left[p_1(0) - \frac{r_{01}}{r_{01}+r_{10}}\right] e^{-(r_{01}+r_{10}) \cdot t} + \frac{r_{01}}{r_{01}+r_{10}}$$

Hierbei kennzeichnen $p_0(0)$ und $p_1(0)$ die Verteilung zu Beginn des Prozesses, d.h. zum Zeitpunkt $t=0$. Man erkennt ferner anhand der beiden Gleichungen, daß sich für $t\to\infty$ die Gleichgewichtsverteilung (175) und (176) ergibt.

Nebenbei bemerkt folgt aus der Gleichgewichtsverteilung:

$$(180)\ \frac{\overline{p_0}}{\overline{p_1}} = \frac{r_{10}}{r_{01}}$$

COLEMAN (1981, Kap.II) benützt diese Beziehung, um ein Verfahren vorzuschlagen, mit dem die Effekte der Kovariate sogar anhand von Querschnittsdaten geschätzt werden können. Zwei zusätzliche Annahmen sind dafür allerdings erforderlich: Der stochastische Prozeß muß sich im Gleichgewicht befinden und die Stärke der jeweiligen Kovariateneffekte auf beide Raten wird als identisch angenommen.

Die untersuchten Beispiele zeigen, daß die mathematische Analyse wichtige Modellkonsequenzen aufdeckt.[1] Die abgeleiteten Zustandswahrscheinlichkeiten $p_j$ (die Verteilung von $Y(t)$) sind in allen Fällen als Funktion der Raten und der Zeit darstellbar. In der Regel sind die Raten wiederum Funktionen von Kovariaten und der $\alpha$- oder $\beta$-Parameter für die Stärke ihrer Effekte auf die Raten, die z.B. mit dem Programm RATE anhand von Ereignisdaten geschätzt werden können. Somit können wir für beliebige Kombinationen von Kovariaten die Zustandswahrscheinlichkeiten zu beliebigen Zeitpunkten ableiten.

Insgesamt hat sich gezeigt, daß wir mit stochastischen Modellen Kovariateneffekte auf:

---

[1] Ein weiterer Spezialfall, auf den wir hinweisen möchten, wird von TUMA, HANAN und GROENEVELD (1979) untersucht. Es handelt sich um eine Erweiterung von COLEMANS Modell durch Hinzufügung eines dritten absorbierenden Zustands. Ausgehend von den Gleichungen (147) bis (149) werden die Restriktionen eingeführt:

$$r_{20} = r_{21} = 0.$$

Die resultierenden Formeln für die Zustandswahrscheinlichkeiten finden sich in der erwähnten Schrift von TUMA et al.

- die Übergangsrate
- die erwartete  Verweildauer
- die Überlebensfunktion
- und die Gleichgewichtsverteilung (sofern ein Gleichgewicht
  existiert)

sowie auch auf F(t), f(t) und die Verteilung von Y(t) prognostizieren können. Die Aussagekraft der Modelle ist damit
wesentlich stärker als im Falle statischer Analysen.

## 6. Ausblick

Bei der Analyse anderer Datenstrukturen als univariater Ankunftszeiten plus Kovariate können im Falle der Verletzung
der Annahme eines Markov-Prozesses statistische Probleme auftreten. Die Auswertung von Lebensverläufen mit mehreren Episoden - die Datenstruktur der Drogenkarriere stellt hierfür
ein Beispiel dar - bereitet dann zusätzliche Schwierigkeiten,
wenn die aufeinanderfolgenden Episoden einer Karriere nicht
voneinander unabhängig sind. Korrellierende Ankunftszeiten können sich darüber hinaus auch auf Individuen beziehen, welche
zueinander in einer bestimmten, etwa familiären Beziehung
stehen. In solchen Situationen mag ein wie auch immer gear-
teter Trend  (bei sukzessiven Episoden) oder Vererbungseffekt
(z.B. bei Vätern und Söhnen) präsent sein.

Möglicherweise gelingt es, die stochastische Unabhängigkeit
der Episoden durch Berücksichtigung relevanter Kovariate zu
garantieren. Die Markov-Annahme bezieht sich ja immer auf
Gruppen mit gleichen Kovariatenkombinationen. Ist die Annahme
in einem Modell verletzt, so kann durch Einbeziehung zusätzlicher Kovariate das modifizierte Modell die Annahmen wiederum erfüllen. Genau dies ist ja der Grundgedanke der in diesem Buch präsentierten Verfahren: "Realitätsgerechte" Markov-
Modelle durch die Einführung von Kovariaten zu konstruieren.

Eine andere Lösung des Problems korrelierender Episoden kann
auf dem Weg der Entwicklung neuer Modelle gesucht werden.
Hierzu sei auf FLINN und HECKMANS (1982) Auswertung von Episoden der Arbeitslosigkeit verwiesen. Einen Überblick zu geeigneten Modellen findet man ferner in dem Buch von LAWLESS
(1982).

Auch die Idee der Einführung latenter, nicht-beobachtbarer
Zustände kann bei der Konstruktion stochastischer Prozeßmo-

delle berücksichtigt werden. Als Einstieg sei das inzwischen
"klassische" Werk von BARTHOLOMEW (1973) sowie die Arbeit von
COLEMAN (1964b) empfohlen.

Für die Auswertung von Daten mit geringerem Informationsgehalt als "event histories", etwa Panel- oder Quantal-Response-
Daten, sei auf die Bücher von COLEMAN (1981) und NELSON (1982)
verwiesen. Beide Schriften befassen sich mit der Schätzung von
Parametern stochastischer Modelle - nur eben auf der Basis
weniger informationshaltiger Daten. In COLEMANS Buch sind
auch die erforderlichen Computerprogramme abgedruckt. Eine
ausführliche kommentierte Literaturübersicht zu methodischen
Problemen der Analyse von Zeitverlaufsdaten sowie ein Überblick über weitere EDV-Software findet man bei NELSON (1982).

In diesem Buch haben wir uns auf Methoden der <u>statistischen
Auswertung</u> von Ereignisdaten konzentriert. Es wäre eine ei-
gene Publikation wert, Methoden der <u>Erhebung</u> von Ereignisdaten zu diskutieren. Ein wichtiges Problem hierbei ist z.B.
die Validität <u>retrospektiv</u> erfragter Lebensverläufe. Welche
Merkmale können mit welchem Grad an Gültigkeit retrospektiv
erfaßt werden? (Siehe z.B. PAPASTEFANOU 1980 und TÖLKE 1980.)
Kann man z.B. mit gutem Erfolg Einkommensveränderungen im
Ablauf der Berufskarriere rückblickend erfassen oder sind
hierfür wesentlich aufwendigere prospektive Panel-Designs
erforderlich? Welchen Stellenwert haben qualitative Erhebungsmethoden? Die Geschichte der Erhebung von Lebensverlaufsdaten
hat in Form meist qualitativer Untersuchungen von Biographien
wie in der berühmten Studie von THOMAS und ZNANIECKI (1927)
eine lange Tradition (siehe auch KOHLI 1981). Aber erst in
jüngster Zeit wird wieder an diese Tradition der Durchführung
von Verlaufsanalysen angeknüpft, wie die zunehmende Zahl von
Projekten in den USA (siehe den kurzen Überblick in ANDRESS
1982a) und auch der Bundesrepublik dokumentiert - z.B. das

Projekt Lebensverläufe und Wohlfahrtsentwicklung (MAYER 1978)
und das geplante "Sozio-ökonomische Panel" (HANEFELD 1982).
Es ist anzunehmen, daß diese Forschungen auch zu Problemen
der Methodik der Datenerhebung neue Antworten beisteuern
werden.

## Anhang

### 1. <u>Notation und Definition der wichtigsten Terme</u>

$Y(t) = j$ — Zufallsvariable Zustandsraum (Zustände $1, 2, \ldots, j, \ldots, n$)

$p_j(t) = P[Y(t) = j]$ — (Absolute) Zustandsraum-Wahrscheinlichkeiten

$T_j$ — Zufallsvariable Verweildauer (Ankunftszeit) bezüglich Zustand j

$G_j(t) = \exp[-R_j(t)]$ — Überlebensfunktion im Zustand j

$F_j(t) = 1 - G_j(t)$ — Kumulierte Verteilung der Verweildauer im Zustand j

$$f_j(t) = \lim_{\Delta t \to 0} \frac{P[t \leq T_j \leq t + \Delta t]}{\Delta t} = \frac{dF_j(t)}{dt}$$ — Dichteverteilung der Verweildauer im Zustand j

$$E(T_j) = \int_0^\infty t \cdot f_j(t)\, dt$$ — Erwartungswert der Verweildauer (Mittelwert, mittlere Lebenserwartung) im Zustand j

$q_{jk}(t, t+\Delta t) = P[Y(t+\Delta t) = k \mid Y(t) = j]$ — (Bedingte) Übergangswahrscheinlichkeit vom Zustand j in den Zielzustand k im Zeitintervall $(t, t+\Delta t)$

$$r_{jk}(t) = \lim_{t \to 0} \frac{q_{jk}(t, t+\Delta t)}{\Delta t}$$ — Übergangsrate vom Zustand j in den Zielzustand k (Rate, Risiko, Intensität des Prozesses)

- 194 -

$$r_j(t) = \sum_{\substack{k=0 \\ k \neq j}}^{n} r_{jk}(t)$$

Hazardrate (Harzardfunktion)

$$R_j(t) = \int_o^t r_j(\tau)\,d\tau$$

Kumulierte Hazardfunktion

$$m_{jk}(t) = \frac{r_{jk}(t)}{r_j(t)}$$

Bedingte Wahrscheinlichkeit eines Zustandswechsels zum Zeitpunkt t unter der Bedingung, daß zum Zeitpunkt t irgendein Zustandswechsel (Ereignis) auftritt.

$x_i$

Kovariate (unabhängige Variable)

$\beta_i$

Koeffizienten der Kovariate $x_i$ bei log-linearer Schreibweise ($\beta$-Effekte)

$\alpha_i = e^{\beta_i}$

Koeffizienten der Kovariate $x_i$ des log-linearen Modells in der Multiplikator-Schreibweise ($\alpha$-Effekte)

$\hat{\alpha}, \hat{\beta}, \hat{r} \ldots$

Schätzwerte von Parametern

$n_i, c_i, n_i', d_i, q_i, p_i, G_i$

Sterbetafel-Notation. Zur Erklärung verweisen wir auf Abschnitt 3.2.1.

Anmerkung: Im Falle des Zwei-Zustands-Modells mit absorbierendem Zielzustand wird bei den folgenden Termen auf die Indizes j und k verzichtet: T, G(t), F(t), f(t), E(T), r(t), q(t) und R(t). Außerdem bezieht sich abweichend von obiger Vereinbarung der Index i der Rate $r_i$ in Kap.3 auf das i'te Zeitintervall und der Index O der Rate $r_O$ in Kap.4 auf die Baseline-Hazardfunktion. In beiden Kapiteln bezeichnet der Index nicht den Zustand.

2. <u>Ableitung der Überlebensfunktion und einiger weiterer Beziehungen beim Zwei-Zustands-Modell mit absorbierendem Zielzustand</u>

Bezeichnen wir mit der Übergangswahrscheinlichkeit $q$ $(t,t+\Delta t)$ die Wahrscheinlichkeit, daß im Intervall $(t,t+\Delta t)$ ein Zustandswechsel vom Ausgangszustand 0 zum Zielzustand 1 eintritt unter der Bedingung, daß bis zum Zeitpunkt t kein Ereignis eingetreten ist, und bezeichnen wir mit r(t) die Übergangsrate, dann gilt:

(1)   $q$ $(t,t+\Delta t) = r(t) \cdot \Delta t + O(\Delta t)$

$O(\Delta t)$ ist dabei irgendeine Funktion mit der Eigenschaft $\lim_{\Delta t \to 0} O(\Delta t)/\Delta t = 0$.

$p_0(t)$ bezeichnet die Wahrscheinlichkeit, daß sich ein Element zum Zeitpunkt t im Zustand 0 befindet. Wenn die Ereignisse "kein Zustandswechsel bis t" und "kein Zustandswechsel im Intervall $(t,t+\Delta t)$" unabhängig sind, ergibt sich:

(2)   $p_0(t,t+\Delta t) = p_0(t) \cdot \left[1 - r(t) \cdot \Delta t - O(\Delta t)\right]$

für $\Delta t \to 0$ resultiert hieraus:

(3)   $\dfrac{dp_0(t)}{dt} = -r(t)\,p_0(t)$

Definieren wir die kumulierte Hazardfunktion:

(4)   $R(t) = \displaystyle\int_0^t r(\tau)\,d\tau$

dann erhält man als Lösung der Differentialgleichung (3) mit dem Anfangswert $p_0(0) = 1$ die Überlebensverteilung:

(5) $G(t) = p_O(t) = e^{-R(t)}$

Hieraus folgt die kumulierte Verteilung der Ankunftszeiten:

(6) $F(t) = 1 - e^{-R(t)}$

mit der Wahrscheinlichkeitsdichte:

(7) $f(t) = \dfrac{dF(t)}{dt} = r(t)\, e^{-R(t)}$

Wird Ausdruck (7) durch Ausdruck (5) dividiert, so kann für die Übergangsrate geschrieben werden:

(8) $r(t) = \dfrac{f(t)}{G(t)} = \dfrac{f(t)}{1-F(t)}$

Außerdem folgt aus (5) ein weiterer Ausdruck für die Übergangsrate:

(9) $r(t) = -\dfrac{d \ln G(t)}{dt}$

Der Erwartungswert von T, d.h. die mittlere Verweildauer im Ausgangszustand, ist:

(10) $E(T) = \displaystyle\int_0^\infty t \cdot f(t)\, dt$

Bei zeitunabhängiger Rate r beträgt der Erwartungswert:

(11) $E(T) = \displaystyle\int_0^\infty t \cdot r e^{-r \cdot t}\, dt = \dfrac{1}{r}$

Einige häufiger verwendete  Zeitabhängigkeiten ("Entwicklungshypothesen") sind in der Tabelle aufgeführt:

| Übergangsrate $r(t)$ | $R(t)$ | Bezeichnung |
|---|---|---|
| $r=\text{constant}$ | $r.t$ | Poisson |
| $Be^{Ct}$ | $\frac{B}{C}(e^{Ct}-1)$ | Gompertz |
| $A+Be^{Ct}$ | $A.t+\frac{B}{C}(e^{Ct}-1)$ | Makeham |
| $\lambda p(\lambda t)^{P-1}$ | $(\lambda t)^{P}$ | Weibull |
| $\dfrac{\lambda p(\lambda t)^{P-1}}{1+(\lambda t)^{P}}$ | $\ln[1+(\lambda t)^{P}]$ | Log-logistisch |
| $c.te^{-t/\lambda}$ | $\lambda c[\lambda-(t+\lambda)e^{-t/\lambda}]$ | Sichel |

Wenn die Übergangsrate als Funktion der Zeit und Funktion von
Kovariaten geschrieben wird, dann hat die Likelihood-Funktion
bei N unabhängigen Beobachtungen die folgende Gestalt:

$$(12)\quad L(\Theta) = \prod_{i}^{N} [f(t_{i},x(i),\theta)]^{d_{i}} [1-F(t_{i},x(i),\theta)]^{(1-d_{i})}$$

Hierbei ist $x(i)$ ein Vektor mit den Beobachtungswerten der
Kovariate für Individuum i, $\Theta$ ist ein Vektor mit Parametern
und $d_{i}$ ist eine Indikatorvariable, die besagt, ob ein Ereignis zum Zeitpunkt $t_{i}$ eingetreten ist ($d_{i}=1$) oder ob es sich
um eine zensierte Beobachtung handelt ($d_{i}=0$). Wie man sieht,
besteht die Likelihood-Funktion aus zwei Teilen: Der Wahrscheinlichkeitsdichte der Ankunftszeiten für nicht-zensierte
und der Überlebensfunktion für zensierte Daten.

Maximum-Likelihood-Schätzwerte sind diejenigen Werte für den Parametervektor $\theta$, bei denen die Likelihood-Funktion (bzw. deren Logarithmus) ein Maximum aufweist.

Die Verallgemeinerung der Likelihood-Funktion auf Mehr-Zustands-Modelle mit reversiblen Ereignissen findet man in TUMA, HANNAN und GROENEVELD 1979.

### 3. Ableitung der Maximum-Likelihood-Schätzer bei qualitativen Kovariaten

Gehen wir zunächst von einer qualitativen Variablen $x_1$ mit der Codierung 0/1 aus und schreiben wir dafür eine log-lineare Ratengleichung:

$$(13) \quad r = e^{\beta_0 + \beta_1 x_1} = \alpha_0 (\alpha_1)^{x_1}$$

Unter Berücksichtigung von $G(t) = \exp(-rt)$, $f(t) = r \cdot \exp(-rt)$ und der zeitunabhängigen Rate (13) lautet die Likelihood-Funktion:

$$(14) \quad L(\alpha_0, \alpha_1) = \prod_i^N \{ \alpha_0 (\alpha_1)^{x_1(i)} \cdot \exp[-\alpha_0 \alpha_1^{x_1(i)} t_i] \}^{d_i}$$

$$\{ \exp[-\alpha_0 \alpha_1^{x_1(i)} t_i] \}^{(1-d_i)}$$

Logarithmiert man $L$, so erhält man Summen anstelle der Produkte. Die Lage des Maximums verändert sich hierdurch nicht:

$$(15) \quad \ln L(\alpha_0, \alpha_1) = \Sigma d_i \cdot \ln \alpha_0 + \Sigma d_i x_1^{(i)} \ln \alpha_1 - \alpha_0 \Sigma d_i \alpha_1^{x_1(i)} t_i$$

$$- \alpha_0 \Sigma (1-d_i) \alpha_1^{x_1(i)} t_i$$

Die Summierung erfolgt immer über alle Beobachtungen $i=1,\ldots,$ N. Führen wir folgende Bezeichnungen ein:

$N_0$ = Anzahl aller Ereignisse für die $x_1$=0-Gruppe

$N_1$ = Anzahl aller Ereignisse für die $x_1$=1-Gruppe

$V_0$ = Summe aller exakten Ankunftszeiten $t_i$ für die $x_1$=0-Gruppe

$V_1$ = Summe aller exakten Ankunftszeiten $t_i$ für die $x_1$=1-Gruppe

$W_0$ = Summe aller zensierten Zeiten für die $x_1$=0-Gruppe

$W_1$ = Summe aller zensierten Zeiten für die $x_1$=1-Gruppe,

so läßt sich (15) wie folgt schreiben:

$$(16)\quad \ln L(\alpha_0,\alpha_1) = (N_0+N_1)\ln \alpha_0 + N_1 \ln \alpha_1 - \alpha_0\alpha_1 V_1 - \alpha_0 V_0 - \alpha_0\alpha_1 W_1$$

$$-\alpha_0 W_0$$

Als partielle Ableitungen nach $\alpha_1$ und $\alpha_0$ erhalten wir:

$$(17)\quad \frac{\partial \ln L}{\partial \alpha_1} = \frac{N_1}{\alpha_1} - \alpha_0 V_1 - \alpha_0 W_1$$

$$(18)\quad \frac{\partial \ln L}{\partial \alpha_0} = \frac{N_0+N_1}{\alpha_0} - \alpha_1 V_1 - V_0 - \alpha_1 W_1 - W_0$$

Um ein Maximum zu bestimmen, setzten wir die beiden Ableitungen (17) und (18) null. Nach einigen Umformungen ergeben sich die beiden Schätzformeln:

$$(19)\quad \hat{\alpha}_1 = \frac{N_1}{V_1 + W_1} / \hat{\alpha}_0$$

$$(20)\quad \hat{\alpha}_0 = \frac{N_0}{V_0 + W_0}$$

Man kann leicht zeigen, daß im allgemeineren Fall mit $l=$
$1,2,3,\ldots$ dichotomen 0/1-Variablen die Verallgemeinerung von
(19) die Form hat:

$$(21) \quad \hat{\alpha}_1 = \frac{N_1}{V_1 + W_1} \,/\, \hat{\alpha}_0$$

wobei die Schätzformel für $\alpha_0$ unverändert bleibt.

### 4. Die Ableitung der Differentialgleichungen für die Zu-
### standswahrscheinlichkeiten bei Multi-State-Modellen

Unter der Annahme eines Markov-Prozesses ist die Wahrscheinlichkeit, daß sich eine Untersuchungseinheit zum Zeitpunkt
$(t+\Delta t)$ im Zustand j befindet, die Summe aus zwei Termen, nämlich der Wahrscheinlichkeit zum Zeitpunkt t im Zustand j zu
sein mal der Wahrscheinlichkeit, daß kein Ereignis eintritt,
plus der Summe aus den Produkten: Wahrscheinlichkeit in einem anderen Zustand $k \neq j$ zum Zeitpunkt t multipliziert mit
der Wahrscheinlichkeit eines Wechsels zum Zustand j. Formal
geschrieben:

$$(21) \quad p_j(t+\Delta t) = p_j(t)\left[1 - \sum_{\substack{k \\ k \neq j}} q_{jk}(t, t+\Delta t)\right] + \sum_{\substack{k \\ k \neq j}} p_k(t) q_{kj}(t, t+\Delta t)$$

Hieraus folgt:

$$(22) \quad \frac{p_j(t+\Delta t) - p_j(t)}{\Delta t} = -p_j(t) \cdot \frac{\sum\limits_{\substack{k \\ k \neq j}} q_{jk}(t, t+\Delta t)}{\Delta t} + \frac{\sum\limits_{\substack{k \\ k \neq j}} p_k(t) q_{kj}(t, t+\Delta t)}{\Delta t}$$

Berücksichtigt man die Definitionen der Übergangsrate und
der Hazardrate (Anhang 1), so erhalten wir als Limes $\Delta t \rightarrow 0$
die Differentialgleichung für Zustand j:

$$(23) \quad \frac{dp_j(t)}{dt} = -p_j(t)\,r_j(t) + \sum_{\substack{k \\ k \neq j}} p_k(t)\,r_{kj}(t).$$

## Literatur


Andreß, H.J., Methods of Temporal Analysis: An Illustration
of Event-History Analysis with Mobility Data, VASMA Work-
ing Paper No.25, Mannheim 1982a

Andreß, H.J., Tätigkeitswechsel und Berufserfahrung. Analyse
zeitbezogener Daten mit Hilfe von Sterbetafeln anhand
eines Beispiels aus der Mobilitätsforschung, Zeitschrift
für Soziologie, Jg.11, 4/1982b, S.380-400

Arminger, G., Analysis of Event-Histories with Generalized
Linear Models, in: A.Diekmann und P.Mitter, Hrsg., Pro-
gress in Stochastic Modelling of Social Processes, New
York 1984

Bartholomew, D.J., Stochastic Models for Social Processes,
2.Aufl., London 1973

Becker, H.S., Outsiders: Studies in the Sociology of Deviance,
New York 1963

Beutel, P., H.Kueffner, W.Schuboe, SPSS 8, 3.Aufl., Stuttgart-
New York 1983

Bortkiewicz, L.v., Das Gesetz der kleinen Zahlen, Leipzig
1898

Carr-Hill, R.A. und C.D.Payne, Crime: Accident or Disease: An
Exploration Using Probability Models for the Generation
of Macro-Criminological Data, Journal of Research in
Crime and Delinquency, Jg.8, 1971, S.133-155

Carr-Hill, R.A. und K.I. Macdonald, Problems in the Analysis
of Life Histories, in: R.E.A.Mapes, Hrsg., Stochastic
Processes in Sociology, University of Keele 1973

Carroll, G.R., Dynamic Analysis of Discrete Dependent Variab-
les: A Didactic Essay, ZUMA-Bericht Nr.1982/08, Mannheim
1982

Carroll, G.R. und K.U.Mayer, Organizational Effects in the
Wage Attainment Process, ZUMA-Arbeitspapier, Mannheim
1982

Chiang, C.L., Introduction to Stochastic Processes in Bio-
statistics, New York 1968

Coleman, J., Introduction to Mathematical Sociology, New York
1964a

Coleman, J., Models of Change and Response Uncertainty, Englewood Cliffs 1964b

Coleman, J., Longitudinal Data Analysis, New York 1981

Cox, D.R., Regression Models and Life Tables, Journal of the Royal Statistical Society, Jg.34, 1972, S.187-220

David, H.A. und M.L. Moeschberger, The Theory of Competing Risks, London 1978

Diekmann, A., Dynamische Modelle sozialer Prozesse, München-Wien 1980

Diekmann, A. und P.Mitter, The "Sickle Hypothesis". A Time Dependent Poisson Model with Applications to Deviant Behavior and Occupational Mobility, Journal of Mathematical Sociology, Bd.9, 1983, S.85-101

Diekmann, A. und P.Mitter, Hrsg., Progress in Stochastic Modelling of Social Processes, New York 1984a

Diekmann, A. und P.Mitter, A Comparison of the "Sickle Function" with Alternative Stochastic Models of Divorce Rates for Austrian and US Marriage Cohorts, in: A.Diekmann und P.Mitter, Hrsg., Progress in Stochastic Modelling of Social Processes, New York 1984b

Dixon, W.J., M.B.Brown, L.Engelman, J.W.Frane, M.A.Hill, R.I.Jennrich und J.D.Toporek, BMDP Statistical Software, Berkeley-Los Angeles-London 1981

Doeringer, P.B. und M.I.Piore, Internal Labor Markets and Manpower Analysis, Lexington, Mass. 1971

Elandt-Johnson, R.C. und N.L.Johnson, Survival Models and Data Analysis, New York 1980

Feller, W., On a General Class of Contagious Distributions, The Annals of Mathematical Statistics, Jg.14, 1943, S.389-400

Feller, W., Probability Theory and its Applications, New York 1950

Flinn, C.J. und J.J.Heckman, Models for the Analysis of Labor Force Dynamics, in: R.Basmann, G.Rhodes, Hrsg., Advances in Econometrics, Vol.1, London 1982, S.35-95

Greenberg, D.F., Mathematical Criminology, New Jersey 1979

Gross, A.J. und V.A.Clark, Survival Distributions: Reliability Applications in the Biomedical Sciences, New York 1975

Hall, W.J. und J.A.Wellner, Confidence Bands for a Survival
    Curve from Censored Data, Biometrika 67, 1980, S.133-143

Hannan, M.T., N.B.Tuma, L.P.Groeneveld, Income and Marital
    Events: Evidence from an Income-Maintenance Experiment,
    American Journal of Sociology, Bd.82, 1977, S.1186-1211

Hannan, M.T. und G.R.Caroll, Dynamics of Formal Political
    Structure, American Sociological Review, Jg.46, 1981,
    S.19-35

Hanefeld, U., Das sozioökonomische Panel. Eine Kurzinforma-
    tion, Arbeitspapier Nr.65 des Sonderforschungsbereichs 3,
    Universität Frankfurt und Mannheim 1982

Harder,Th., Dynamische Modelle in der empirischen Sozialfor-
    schung, Stuttgart 1973

Kalbfleisch, J.D. und R.L.Prentice, The Statistical Analysis
    of Failure Time Data, New York 1980

Kaplan, E.L. und P.Meier, Nonparametric Estimation from In-
    complete Observations, J.Amer.Statist.Assoc.53, 1958,
    S.457-481

Kohli, M., Wie es zur "biographischen Methode" kam und was
    daraus geworden ist. Ein Kapitel aus der Geschichte der
    Sozialforschung, Zeitschrift für Soziologie, Jg.10,
    3/1981, S.273-293

Land, K.C., Some Exhaustible Poisson Process Models of
    Divorce by Marriage Cohorts, Journal of Mathematical
    Sociology, Jg.1, 1971, S.213-232

Lawless, J.F., Statistical Models and Methods for Lifetime
    Data, New York 1982

Mayer, K.U., Lebensverläufe und Wohlfahrtsentwicklung, Pro-
    jektantrag im Rahmen des Sonderforschungsbereichs 3,
    Universität Frankfurt und Mannheim 1978

Miller, R.G., Least Squares Regression with Censored Data,
    Biometrika 63, 1976, S.449-464

Müller, W., Zur Analyse von Lebensverläufen, Konferenzpapier
    für die Quantum-SSHA-Konferenz, Köln 1977

Murray, W., Hrsg., Numerical Methods for Unconstrained
    Optimization,London-New York 1972

Nelson, W., Applied Life Data Analysis, New York 1982

Nie, N.H. und C.H.Hull, SPSS Release 8 Update Manual, Dezember 1978

Papastefanou, G., Zur Güte von retrospektiven Daten - Eine Anwendung gedächtnispsychologischer Theorie und Ergebnisse einer Nachbefragung, Arbeitspapier Nr.29 des Sonderforschungsbereichs 3, Universität Frankfurt und Mannheim 1980

Rapoport, A., Mathematische Methoden in den Sozialwissenschaften, Würzburg-Wien 1980

Rommelfanger, H., Differenzen- und Differentialgleichungen, Mannheim-Wien-Zürich 1977

Sørensen, A.B. und A.Sørensen, Mathematical Sociology, Paris 1977

Tarone, R.E. und J.Ware, On Distribution-Free Tests for Equality of Survival Distributions, Biometrika 64, 1977, S.156-160

Thomas, W.I. und F.Znaniecki, The Polish Peasant in Europe and America, New York 1927

Tölke, A., Zuverlässigkeit retrospektiver Verlaufsdaten. Qualitative Ergebnisse einer Nachbefragung, Arbeitspapier Nr.30 des Sonderforschungsbereichs 3, Universität Frankfurt und Mannheim 1980

Tukey, J.W., Exploratory Data Analysis, Reading 1977

Tuma, N.B., Invoking Rate, Arbeitspapier des Zentrums für Umfrageforschung in Mannheim (ZUMA), 1979

Tuma, N.B. und M.T.Hannan, Approaches to the Censoring Problem in Analysis of Event Histories, in: K.Schuessler, Hrsg., Sociological Methodology 1979, San Francisco 1979, S.209-240

Tuma, N., M.T.Hannan und L.P.Groeneveld, Dynamic Analysis of Event Histories, American Journal of Sociology, Jg.84, 1979, S.820-854

Wolfgang, M.E., R.M.Figlio und Th.Sellin, Delinquency in a Birth Cohort, Chicago and London 1979

Sachregister

Studienskripten zur Soziologie

36  D. Urban, Regressionstheorie und Regressionstechnik
    245 Seiten. DM 16,80

37  E. Zimmermann, Das Experiment in den Sozialwissenschaften
    308 Seiten. DM 17,80

38  F. Böltken, Auswahlverfahren
    Eine Einführung für Sozialwissenschaftler
    407 Seiten. DM 18,80

39  H. J. Hummell, Probleme der Mehrebenenanalyse
    160 Seiten. DM 12,80

40  F. Golzewski/W. Reschka, Gegenwartsgesellschaften: Polen
    383 Seiten. DM 18,80

41  Th. Harder, Dynamische Modelle
    in der empirischen Sozialforschung
    120 Seiten. DM 11,80

42  W. Sodeur, Empirische Verfahren zur Klassifikation
    183 Seiten. DM 12,80

43  H. M. Kepplinger, Massenkommunikation
    207 Seiten. DM 15,80

44  H.-D. Schneider, Kleingruppenforschung
    351 Seiten. DM 17,80

45  H. J. Helle, Verstehende Soziologie und
    Theorien der Symbolischen Interaktion
    207 Seiten. DM 15,80

46  T. A. Herz, Klassen, Schichten, Mobilitäten
    316 Seiten. DM 18,80

48  S. Jensen, Talcott Parsons  Eine Einführung
    204 Seiten. DM 15,80

49  J. Kriz, Methodenkritik empirischer Sozialforschung
    292 Seiten. DM 17,80

120  G. Büschges, Einführung in die Organisationssoziologie
     214 Seiten. DM 16,80

121  W. Teckenberg, Gegenwartsgesellschaften: UdSSR
     478 Seiten. DM 24,80

122  A. Diekmann/P. Mitter,
     Methoden zur Analyse von Zeitabläufen
     208 Seiten. DM 15,80


Preisänderungen vorbehalten